高等职业教育系列教材

CorelDRAW X6 平面设计与制作案例教程

黄玮雯　张　磊　主编

陈冰倩　陈学平　参编

机械工业出版社

本书从实用的角度出发，详细介绍了 CorelDRAW X6 的基本知识和使用技巧。全书主要内容包括绘图、绘制及编辑路径、填充与轮廓线、对象的高级编辑、特殊效果的编辑、文本、版面设计与制作，最后通过一个广告设计综合实例介绍了 CorelDRAW X6 的具体应用。

本书项目 1~6 均配有习题，以指导读者深入地进行学习。

本书既可作为高等学校传媒艺术、软件技术课程的教材，也可作为设计师的技术参考书。

本书配有授课电子课件，需要的教师可登录 www.cmpedu.com 免费注册，审核通过后下载，或联系编辑索取（QQ：2850823885，电话：010-88379739）。

图书在版编目(CIP)数据

CorelDRAW X6 平面设计与制作案例教程／黄玮雯，张磊主编．—北京：机械工业出版社，2016.12(2025.2 重印)
高等职业教育系列教材
ISBN 978-7-111-55212-3

Ⅰ.①C… Ⅱ.①黄… ②张… Ⅲ.①图形软件-高等职业教育-教材
Ⅳ.①TP391.41

中国版本图书馆 CIP 数据核字(2016)第 249370 号

机械工业出版社(北京市百万庄大街 22 号 邮政编码 100037)
策划编辑：郝建伟 张 帆 责任编辑：郝建伟
责任校对：张艳霞 责任印制：单爱军
北京虎彩文化传播有限公司印刷

2025 年 2 月第 1 版・第 9 次印刷
184mm×260mm・12.75 印张・306 千字
标准书号：ISBN 978-7-111-55212-3
定价：49.00 元

凡购本书，如有缺页、倒页、脱页，由本社发行部调换

电话服务	网络服务
服务咨询热线：(010)88379833	机 工 官 网：www.cmpbook.com
读者购书热线：(010)88379649	机 工 官 博：weibo.com/cmp1952
	教育服务网：www.cmpedu.com
封面无防伪标均为盗版	金 书 网：www.golden-book.com

出版说明

党的二十大报告首次提出“加强教材建设和管理”，表明了教材建设国家事权的重要属性，凸显了教材工作在党和国家事业发展全局中的重要地位，体现了以习近平同志为核心的党中央对教材工作的高度重视和对“尺寸课本、国之大者”的殷切期望。教材作为教育目标、理念、内容、方法、规律的集中体现，是教育教学的基本载体和关键支撑，是教育核心竞争力的重要体现。建设高质量教材体系，对于建设高质量教育体系而言，既是应有之义，也是重要基础和保障。为加快推进党的二十大精神进教材、进课堂、进头脑，落实立德树人根本任务，发挥铸魂育人实效，机械工业出版社组织国内多所职业院校（其中大部分院校入选“双高”计划）的院校领导和骨干教师展开专业和课程建设研讨，以适应新时代职业教育发展要求和教学需求为目标，规划并出版了“高等职业教育系列教材”丛书。

该系列教材以岗位需求为导向，涵盖计算机、电子信息、自动化和机电类等专业，由院校和企业合作开发，由具有丰富教学经验和实践经验的“双师型”教师编写，并邀请专家审定大纲和审读书稿，致力于打造充分适应新时代职业教育教学模式、满足职业院校教学改革和专业建设需求、体现工学结合特点的精品化教材。

归纳起来，本系列教材具有以下特点：

1）充分体现规划性和系统性。系列教材由机械工业出版社发起，定期组织相关领域专家、院校领导、骨干教师和企业代表开展编委会年会和专业研讨会，在研究专业和课程建设的基础上，规划教材选题，审定教材大纲，组织人员编写，并经专家审核后出版。整个教材开发过程以质量为先，严谨高效，为建立高质量、高水平的专业教材体系奠定了基础。

2）工学结合，围绕学生职业技能设计教材内容和编写形式。基础课程教材在保持扎实理论基础的同时，增加实训、习题、知识拓展以及立体化配套资源；专业课程教材突出理论和实践相统一，注重以企业真实生产项目、典型工作任务、案例等为载体组织教学单元，采用项目导向、任务驱动等编写模式，强调实践性。

3）教材内容科学先进，教材编排展现力强。系列教材紧随技术和经济的发展而更新，及时将新知识、新技术、新工艺和新案例等引入教材；同时注重吸收最新的教学理念，并积极支持新专业的教材建设。教材编排注重图、文、表并茂，生动活泼，形式新颖；名称、名词、术语等均符合国家有关技术质量标准和规范。

4）注重立体化资源建设。系列教材针对部分课程特点，力求通过随书二维码等形式，将教学视频、仿真动画、案例拓展、习题试卷及解答等教学资源融入到教材中，使学生学习课上课下相结合，为高素质技能型人才的培养提供更多的教学手段。

由于我国高等职业教育改革和发展的速度很快，加之我们的水平和经验有限，因此在教材的编写和出版过程中难免出现疏漏。恳请使用本系列教材的师生及时向我们反馈相关信息，以利于我们今后不断提高教材的出版质量，为广大师生提供更多、更适用的教材。

机械工业出版社

前　言

CorelDRAW X6 是基于矢量图形进行操作的设计软件，具有专业的设计工具。此软件的推出，不但让设计师可以快速地制作出设计方案，而且还可以制作出很多手工无法表现的设计内容，是平面设计师的得力助手。CorelDRAW X6 的应用范围非常广泛，从简单的几何图形绘制到标志、卡通、漫画、图案、各类效果图及专业平面作品的设计，都可以利用该软件快速、高效地绘制出来。

本书详细介绍了 CorelDRAW X6 的基本知识和使用技巧，主要内容包括绘图、绘制及编辑路径、填充与轮廓线、对象的高级编辑、特殊效果的编辑、文本、版面设计与制作等。最后通过一个广告设计综合实例介绍了 CorelDRAW X6 的具体应用。本课程建议授课为 36 学时，实训为 36 学时。为了让教师全面、系统地讲授 CorelDRAW X6，使学生能够熟练地使用 CorelDRAW X6 来进行创意制作，我们共同编写了这本书。

本书具有以下特点：

1. 以能用为原则，求专不求多

本书以循序渐进的方式详细解读绘图、绘制及编辑路径、填充与轮廓线、对象的高级编辑、特殊效果的编辑等软件核心功能与应用技巧，内容基本涵盖了 CorelDRAW X6 的全部工具和命令。书中精心安排了 20 多个具有针对性的案例，不仅可以帮助读者轻松掌握软件的使用方法，还可以了解各种门类的实例制作。

2. 与企业岗位所需技能密切结合

本书中的案例涉及宣传海报、公益广告、灯箱广告、卡片、插画、宣传页设计等二十几个仿实际工程或项目的经典实用案例，读者可以将实例中所学知识举一反三地运用于实际设计过程中。

3. 扩展相关岗位知识

本书各项目先介绍各类设计的类型、特点及设计原则，然后用综合实例对所有知识点进行介绍，其间插入了 CorelDRAW 软件操作的经典方法与技巧；然后在习题中对所学知识进行巩固，并对设计此类案例应该注意的事项给予重点提示。

本书由重庆电子工程职业学院的老师们编写完成。其中，黄玮雯和张磊老师任本书主编，陈冰倩老师参与了教材编写，陈学平老师参与了教材的校正工作。由于时间紧迫，加之编者水平有限，书中难免有疏漏和不足之处，请广大读者批评指正。

本书授课与实训的参考学时为 72 学时，各项目的参考学时参见下面的学时分配表。

章　节	课程内容	学时分配	
		讲授	实训
项目1	绘图	4	4
项目2	绘制及编辑路径	5	5
项目3	填充与轮廓线	5	5
项目4	对象的高级编辑	5	5
项目5	特殊效果的编辑	4	4
项目6	文本	3	3
项目7	版面设计与制作	5	5
项目8	综合实例——广告设计	5	5
学时总计		36	36

需要本书素材及源文件的读者，请到 www. cmpedu. com 下载。

编　者

目　录

项目1 绘　　图

本项目要点：

- 熟练掌握 CorelDRAW 页面的基本操作。
- 熟练掌握矩形工具的使用。
- 熟练掌握椭圆形工具的使用。
- 了解绘制基本图形的方法和思路。

1.1 任务1：制作 LOGO

标志（LOGO）是一种图形传播符号，它以精练的形象表达一定的含义，通过创造典型的符号特征，向人们传达特定的信息。标志作为视觉图形，有强烈的传达功能，在世界范围内，容易被人们理解、使用，并成为国际化的视觉语言。本节将主要运用 CorelDRAW X6 软件的贝塞尔曲线工具进行标志设计，如图 1-1 所示，介绍标志的设计思路与制作方法。

图 1-1　标志设计

1.1.1 CorelDRAW X6 基础知识

CorelDRAW 简称 CDR，是加拿大 Corel 软件公司的产品。它是一个绘图与排版软件，广泛应用于商标设计、标志制作、模型绘制、插图描画、排版及分色输出等诸多领域。作为一个强大的绘图软件，自然广受设计师们的喜爱，用作商业设计和美术设计的 PC 几乎都安装了 CorelDRAW。

1.1.2 熟悉 CorelDRAW X6 的工作界面

运行 CorelDRAW，并打开一幅绘图作品，将出现如图 1-2 所示的工作界面。下面简单介绍一下工作界面中各组件的基本功能。

1. 标题栏

标题栏位于 CorelDRAW 窗口的顶端，用于显示当前应用程序的名称。右侧的 3 个按钮功能与单击左侧的 CorelDRAW 图标所弹出的视窗控制菜单命令功能相同。

2. 菜单栏

菜单栏位于标题栏下方，每个菜单中都包含下一级子菜单，单击主菜单名称，在弹出的菜单中选择需要的命令即可进行不同的操作。

3. 标准工具栏

标准工具栏提供了一些常用命令的图标按钮，用以直观显示“保存”“新建”“打开”

图 1-2　CorelDRAW 的工作窗口

及“打印”等操作命令，如图 1-3 所示。使用者可根据自己的工作习惯，安排标准工具栏在工作窗口的位置。

图 1-3　标准工具栏

4. 属性栏

属性栏是在 CorelDRAW 工作过程中访问最多的组件之一，这里提供了当前选择工具的各种设置选项，既有共享的设置，也有所选工具特有的位置。

5. 工具箱

默认情况下工具箱停靠在工作窗口的左侧，可根据绘制需要安排它的摆放位置。工具箱中的大部分按钮图标都带有一个小三角形，单击这个三角形将弹出一个工具条，其中隐含了一组工具图标，如图 1-4 所示。

图 1-4　工具箱

6. 标尺

标尺是精确绘图的辅助工具，在窗口的顶端和左侧显示有水平和垂直标尺。读者可根据不同的绘图需要，灵活选择适合的绘图单位。

7. 工作窗口

在 CorelDRAW 中创建的文件都有其独立的工作窗口，上方的标题栏显示当前激活文件的名称。用户可以打开多个绘图窗口，和文件的编辑工作互不干扰，彼此独立进行。

8. 文档导航器

文档导航器位于绘图窗口的左下角，显示绘图中的总页数和当前编辑绘图的页号。多页文档与单页文档的导航器显示不同，如图 1-5 所示为两种文档导航器。单击|◀按钮，跳转到多页文档的第一页；单击◀按钮，以当前选择页面为基准，跳转到前一页；单击▶按钮，以当前选择页面为基准，跳转到下一页。单击+按钮，添加页面；单击▶|按钮，则可以跳转到多页文档的最后一页。

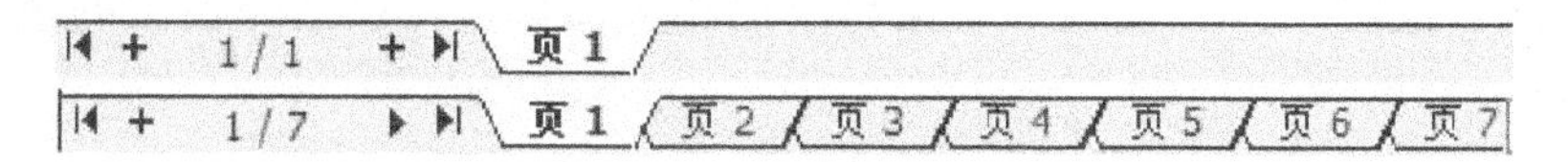

图 1-5　显示单页与多页文档导航器

9. 导航器

导航器位于绘图窗口的右下角，用于查看较大视图显示比例下被隐藏的绘图部分，如图 1-6 所示。

图 1-6　使用导航器

10. 泊坞窗

CorelDRAW 中的泊坞窗与 Photoshop 中的调色板功能相似，可以同时打开多个被隐藏的泊坞窗，将它们组合在一起，并停靠在窗口的右侧。单击右上角的三角按钮可展开或者折叠泊坞窗内部选项，单击左上角的»按钮，则可以控制泊坞窗在窗口的收展。

11. 调色板

在默认状态下，CorelDRAW 在窗口的右侧显示出 CMYK 调色板，可执行“窗口”→“调色板”子菜单下的相关命令打开不同的调色板。需要注意的是，若绘图用于印刷，使用 CMYK 调色板更接近实际印刷后的效果。

12. 状态栏

状态栏位于窗口的最底端，沿其边缘拖动鼠标即可控制其以单行或双行显示信息。选择对象不同，例如尺寸、坐标位置、节点数目、填充和轮廓线等，状态栏即时显示与之对应的提示信息也不同。

1.1.3 图形与色彩的基本知识

CorelDRAW 提供了多种色彩模式，可以在这些色彩模式之间转换位图图像，从而根据不同的应用，采用不同的方式对位图的颜色进行分类和显示，控制位图的外观质量和文件大小。通过执行“位图”→“模式”子菜单下的相关命令，可以选择位图的色彩模式，如图 1-7 所示。

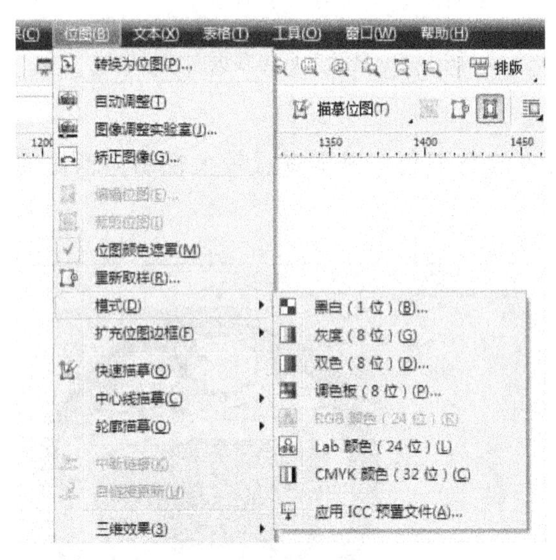

图 1-7 色彩模式

1. 黑白模式（1 位）

黑白模式是颜色结构中最简单的位图色彩模式，由于只使用一位（1 - bit）来显示颜色，所以只能有黑白两色。

2. 灰度（8 位）

将选定的位图转换成灰度（8 位）模式，可以产生一种类似于黑白照片的效果。

3. 双色（8 位）

在“双色调”对话框中不仅可以设置“单色调”模式，还可以在“类型”选项组中选择“双色调”“三色调”及“全色调”模式。

4. 调色板（8 位）

通过这种色彩转换模式，用户可以设定转换颜色的调色板，从而得到颜色阶数的位图。

5. RGB 颜色（24 位）

RGB 颜色模式描述了能在计算机上显示的最大范围的颜色。R、G、B 三个分量各自代表三原色（Red 红、Green 绿、Blue 蓝），且都具有 255 级强度，其余的单个颜色都是由这 3 个颜色分量按照一定的比例混合而成的。在默认状态下，位图都采用这种颜色模式。

6. Lab 颜色（24 位）

Lab 颜色是基于人眼认识颜色的理论而建立的一种与设备无关的颜色模型。L、a、b 三个分量各自代表照度、从绿到红的颜色范围及从蓝到黄的颜色范围。

7. CMYK 颜色（32 位）

CMYK 颜色是为印刷业开发的一种颜色模式，它的 4 种颜色分别代表了印刷中常用的油墨颜色（Cyan 青、Magenta 品红、Yellow 黄、Black 黑），将 4 种颜色按照一定的比例混合起来，就能得到范围很广的颜色。由于 CMYK 颜色比 RGB 颜色的范围要小一些，故将 RGB 位图转换为 CMYK 位图时，会出现颜色损失的现象。

1.1.4　页面的基本操作

在 CorelDRAW 的绘图工作中，常常要在同一文档中添加多个空白页面、删除无用的页面或对某一特定的页面进行重命名。

1. 插入页面

在菜单栏中执行“版面”→“插入页”命令，弹出“插入页面”对话框，如图 1-8 所示。单击“插入”文本框后面的微调按钮或直接输入数值，设置需要插入的页面数目，然后单击“确定”按钮即可。

在 CorelDRAW 状态栏的页面标签上单击鼠标右键，在弹出的快捷菜单中也可以选择“插入页面”命令。

2. 重命名页面

在一个包含多个页面的文档中，对个别页面分别设定具有识别功能的名称，可以方便地对它们进行管理。

单击一个需要进行重命名的页面，如图 1-9 所示，比如“页 2”，执行“版面”→“重命名页面”命令，在“重命名页面”对话框中输入想要的名称，然后单击“确定”按钮即可。

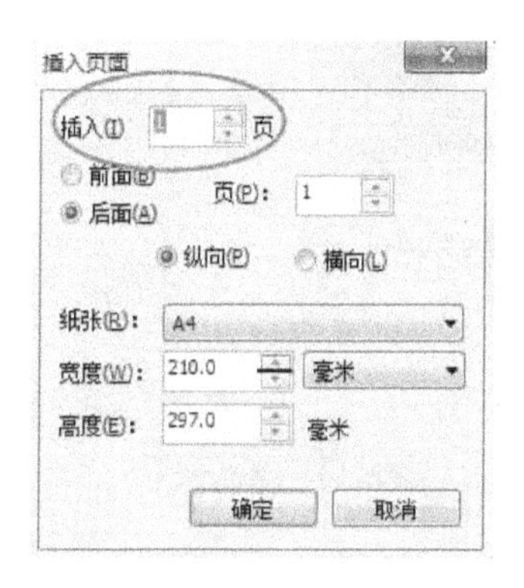

图 1-8　“插入页面”对话框

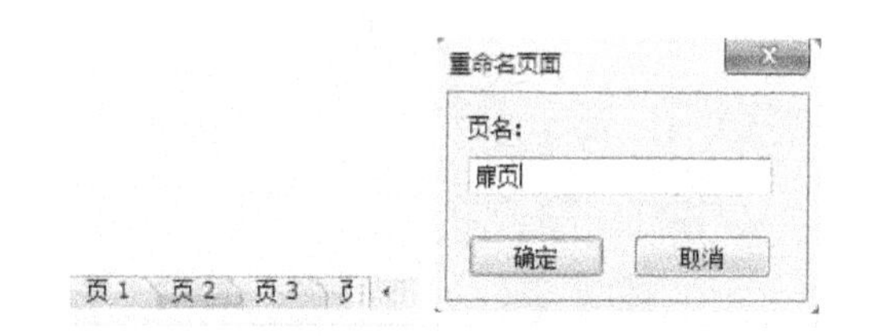

图 1-9　重命名页面

3. 设置页面

在 CorelDRAW 中利用“版面”菜单中的命令，可以对文档页面的大小、版面等进行设定。

执行“文件”→“导入”命令，导入一张图片文件，如图 1-10 所示。

在页面中单击鼠标左键，图片就置入页面中了。然后可以根据需要缩放该图片——用鼠标左键拖动图片周围的 8 个锚点。

图 1-10　拖放锚点可控制导入图片的大小

注意：

拖动图 1-10 圈中的锚点能按比例缩放。共有 4 个锚点。如果拖动其他的锚点，画面比例会失真。

执行“版面”→“页面设置”命令，如图 1-11 所示，在对话框左侧找到“页面”下的“大小”选项，右侧的详细信息里就有纸张、方向、单位等内容。

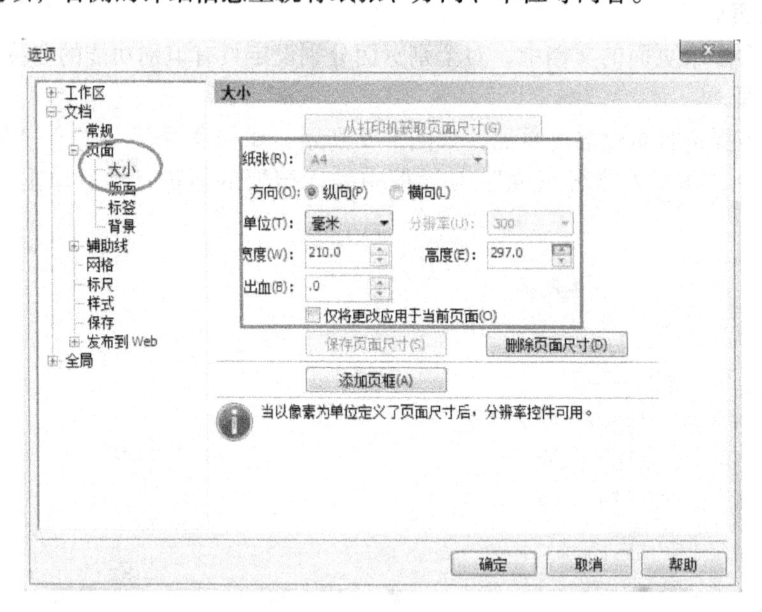

图 1-11　“选项”对话框

4. 删除页面

执行“版面”→“删除页面”的命令，会弹出“删除页面”对话框。单击“插入”文本框后面的微调按钮 或直接输入数值，设置需要删除的页面数目，然后单击“确定”即可，如图 1-12 所示。

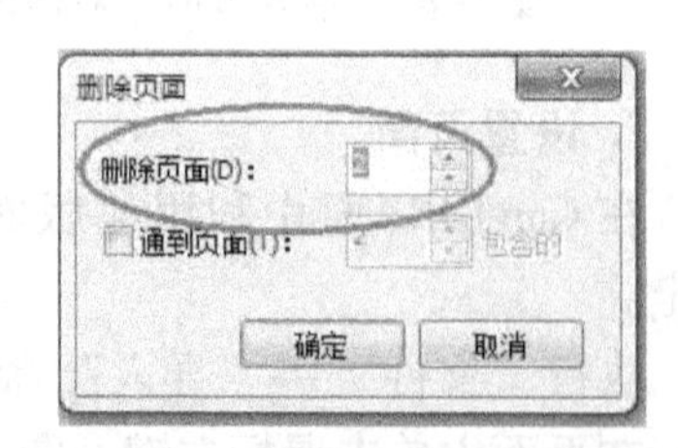

图 1-12　“删除页面”对话框

5. 调整页面顺序

如果想要调整页面顺序，可以在工作区下方的“文档导航区域”里的“页面调整”区域找到当前文档的页面标签。单击并拖动其中一个页面，拖动至想要放置的页面前面即可。比如，想要把“效果 3”页面放置在“效果 2”和“页 1”之间，则按下鼠标左键不放并拖动“效果 3”，在“效果 2”页面上松开鼠标即可，如图 1–13 显示。

页 1　2: 效果2　3: 效果3　　页 1　2: 效果3　3: 效果2

图 1–13　调整页面顺序

6. 还原操作步骤

如果当前操作出现错误或想要返回上一步重新编辑，只需单击标准工具栏中的“撤销”按钮↶即可。软件默认可撤销的步骤是 20 步，但是可以根据个人习惯进行修改。执行“工具”→“选项”命令，在左侧列表中找到“工作区”里的“常规”选项，如图 1–14 显示，在右侧“常规”选项区域的“撤销级别”选项组里可以设置撤销步骤。

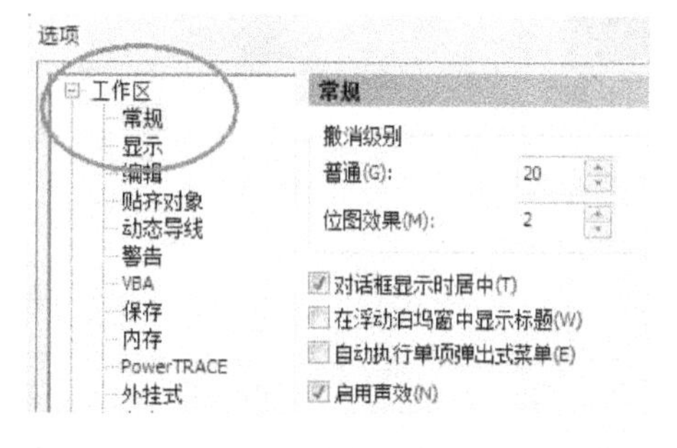

图 1–14　还原操作步骤

1.1.5　辅助工具的使用

标尺是创建精确绘图的辅助工具。可根据不同的绘图需要，灵活选择适合的绘图单位。接下来介绍使用 CRD X6 中的辅助线功能的基本操作和设置。

首先打开文档中的“视图”菜单，勾选“辅助线”复选框，如图 1–15 所示。那么这项功能就会在菜单栏上显示。

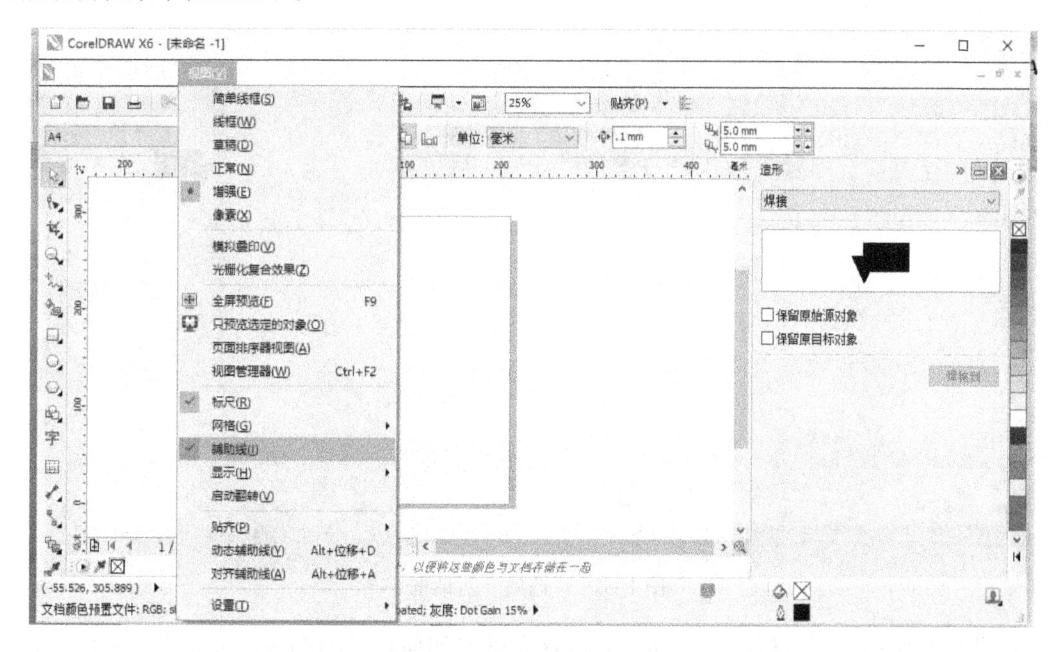

图 1–15　辅助线

单击菜单栏上的“工具”菜单，在下拉菜单中选择“选项”命令，如图1-16所示。

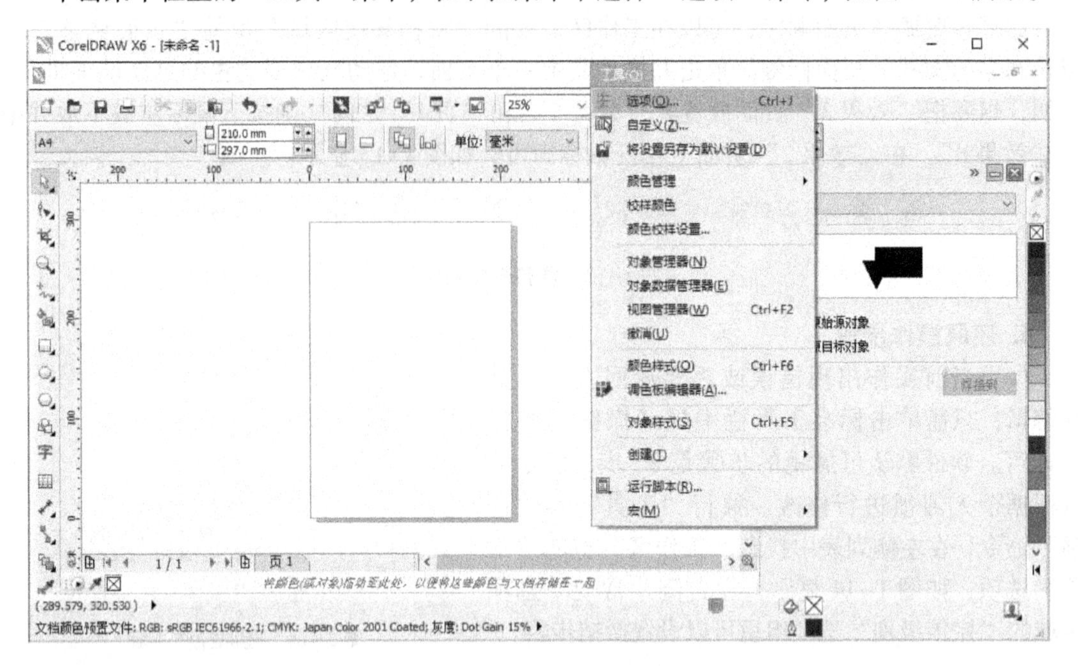

图1-16 “选项”命令

在弹出的对话框中，选择左侧中的“辅助线”选项，如图1-17所示，在右侧显示的界面中就可以对辅助线进行基本设置了。

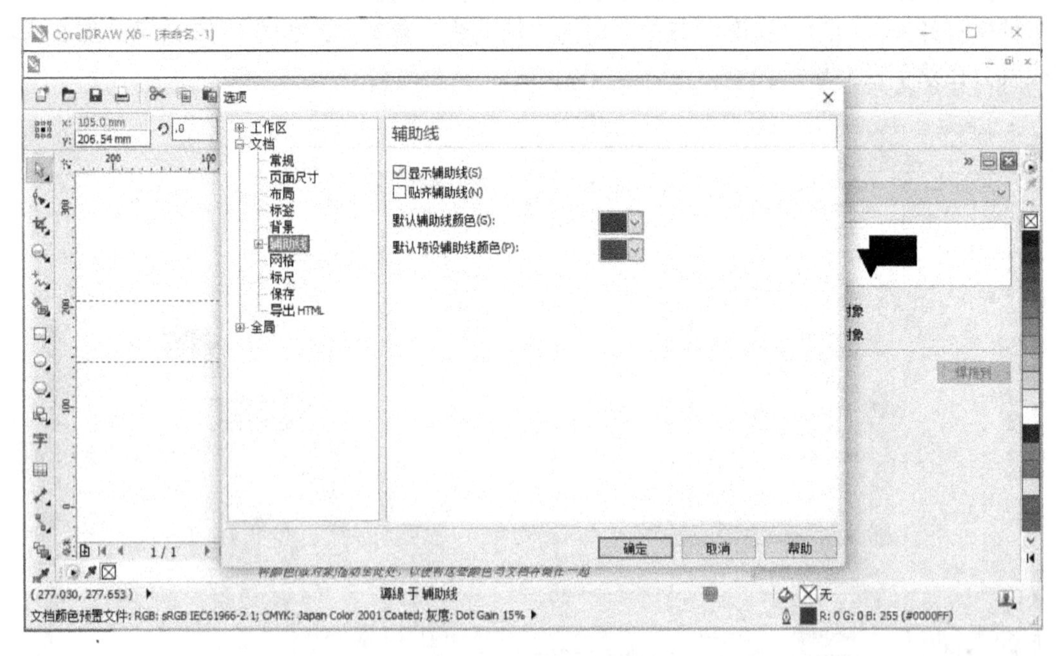

图1-17 “选项”对话框

辅助线的使用技巧包括旋转、锁定等。首先确定如何选定辅助线。如图1-18所示有两条横线（蓝色），如果需要锁定全部，执行“编辑”→“全选”命令，在下拉菜单中选择

"辅助线"命令，那么辅助线就会变为红色。

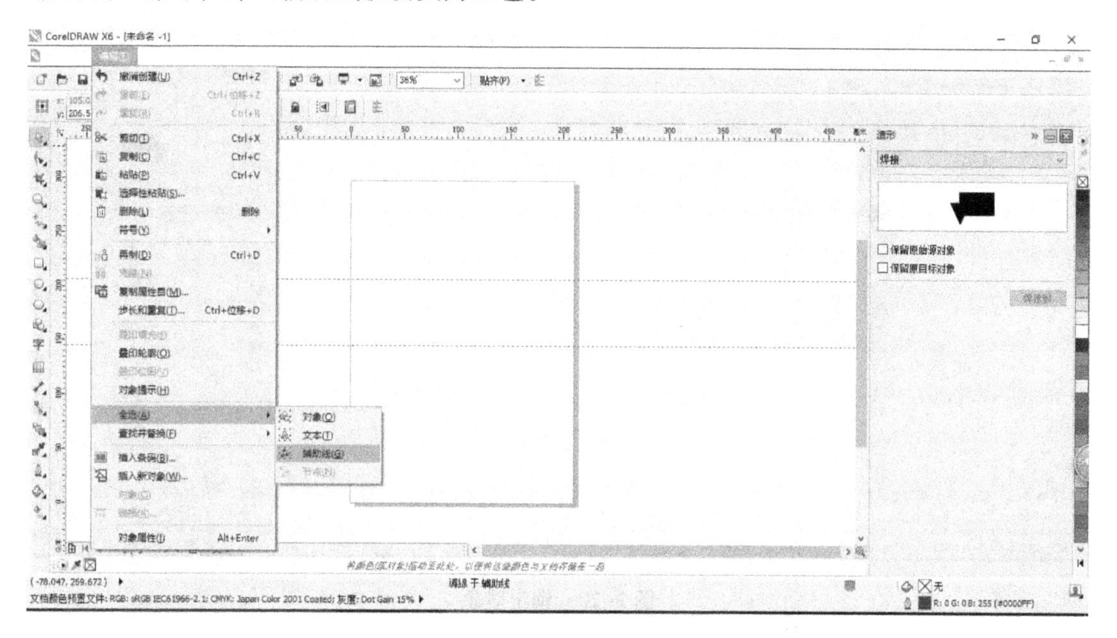

图 1-18　编辑辅助线

选择完辅助线后，用鼠标再次单击一下辅助线，即会在辅助线上跳出可以旋转的按钮，若需要向右边上移，即单击右侧的光标，并拖动即可，如图 1-19 所示。

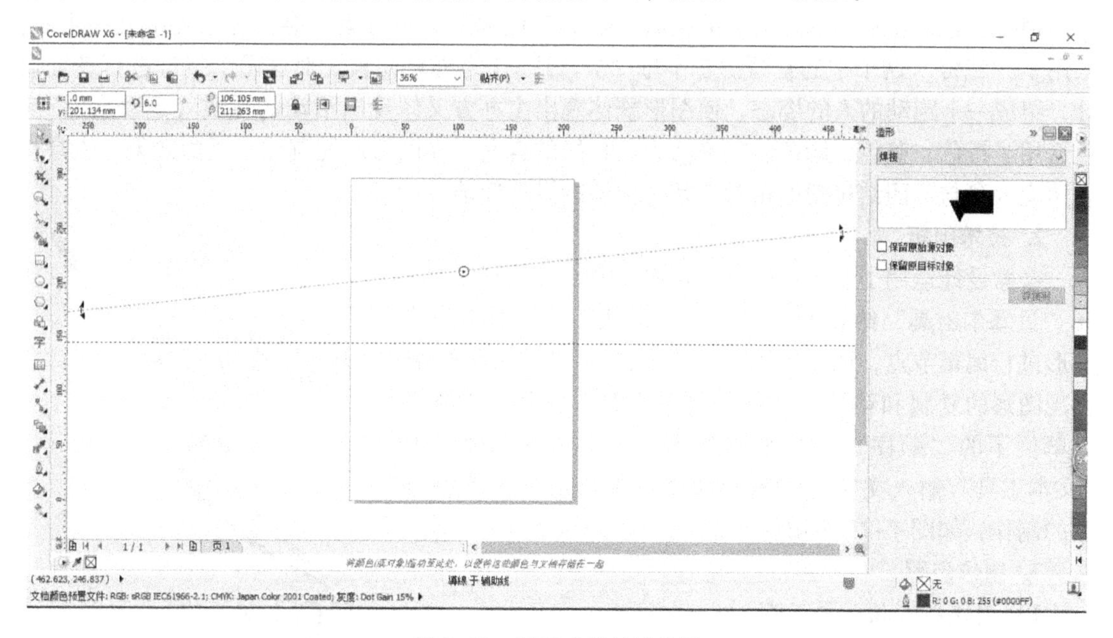

图 1-19　移动或旋转辅助线

调整完毕后，如需要锁定该条线，即在菜单栏中选择"排列"命令，在下拉菜单中选择锁定对象即辅助线即可，如图 1-20 所示，那么该辅助线不能被移动或更改。

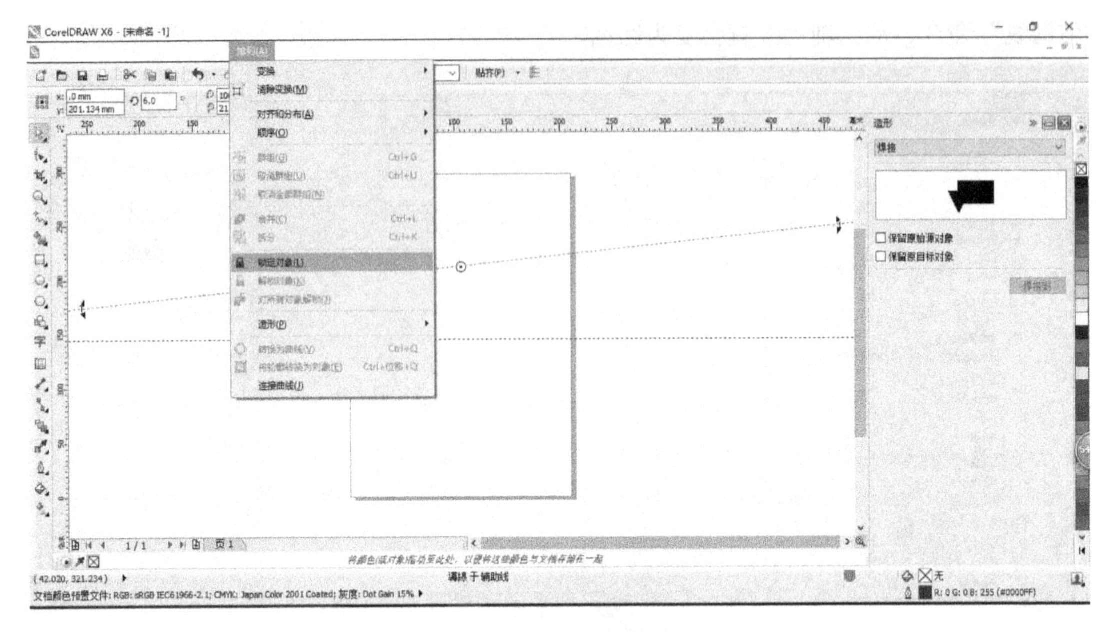

图 1-20　锁定对象

1.1.6　制作 LOGO

1. 设计思路

根据主题性质来构思运动会的会徽。武警工程学院将举行运动会，为了突出这一主题，采用了“武警”两个字的首写拼音字母“W、J”作为创意元素，对这两个字母进行变形设计，组成一个跑动的人的姿态，使图形既体现出主办方又体现出活动的性质（运动会）。颜色运用了橙色、蓝色、绿色，寓意活力、积极的含义。在图形底层制作了阴影效果，也是想表达众人参与、团结拼搏的精神。整个会徽的设计简洁、明了。

2. 技术剖析

会徽设计运用了 CorelDRAW X6 软件中“椭圆形工具”和“贝塞尔工具”绘制 W、J 图形，“形状工具”对绘制的图形进行编辑节点，调整轮廓。用“复制”、“粘贴”命令实现图形的复制和粘贴，获取同样的图形，并用“排列”菜单栏下的“顺序”命令来调整图形上下顺序。最后用“文本工具”输入文字，将图形和文字进行组合，完成会徽的制作，如图 1-21 所示。

图 1-21　会徽设计

3. 制作步骤

1）创建新文档，并保存

（1）启动 CorelDRAW X6，在出现的欢迎界面中单击“新建空白文档”，在“创建新文档”对话框中，设置文档大小和页面方向，如图 1-22 所示。创建的新文档“大小”为 A4、页面方向为横向，新文档如图 1-23 所示。

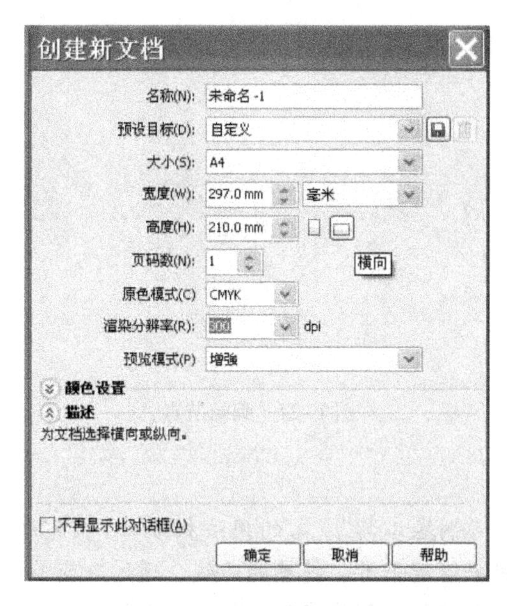

图 1–22 “创建新文档”对话框

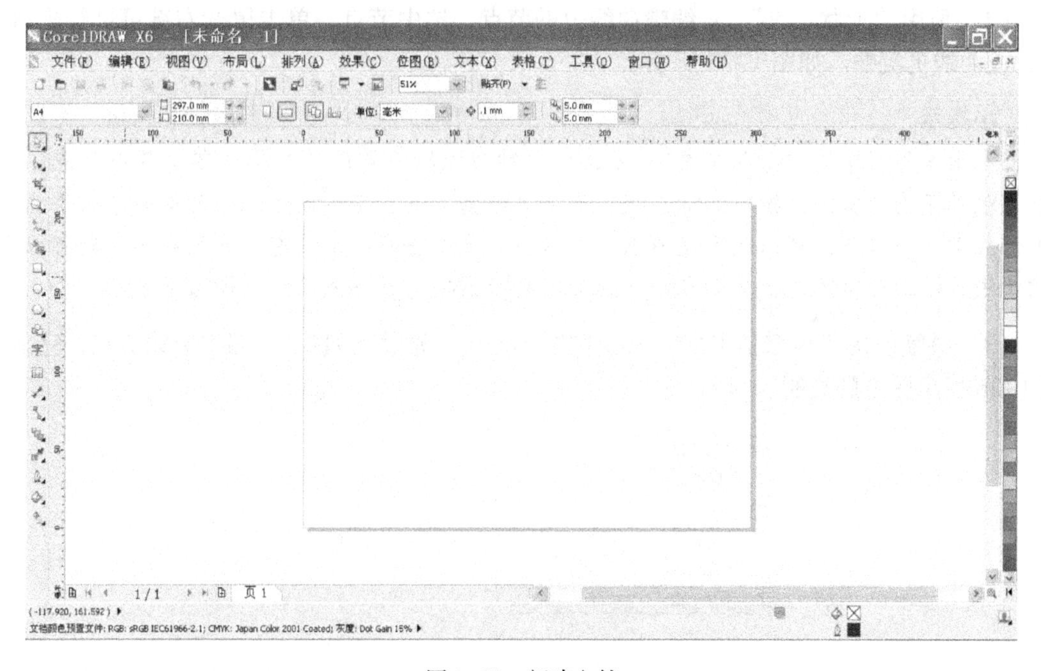

图 1–23 新建文档

（2）单击页面左上方的“文件”菜单，在下拉菜单中选择“另存为”命令。以“会徽设计”为文件名保存到合适的位置。

2）用“贝塞尔工具”和“形状工具”绘制并编辑图形

（1）在工具箱中选择“椭圆工具”，按住〈Ctrl〉键的同时单击鼠标左键绘制出一个正圆形。用“贝塞尔工具”绘制出 W 形状，再使用“形状工具”对其进行编辑。如图 1–24 所示。

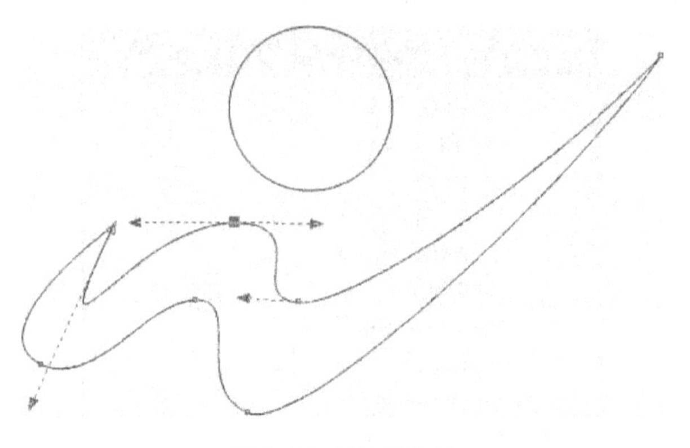

图 1-24　编辑节点

小提示

“贝塞尔工具” 和“钢笔工具” 的用法相似。“贝塞尔工具” 主要用于描绘非几何类图形，它可以用来绘制平滑、精确的曲线，通过改变节点和控制点的位置控制曲线的弯曲度。再通过调整和控制点调节直线和曲线的形状。

（2）使用“形状工具” 编辑曲线上的节点，选中节点，单击鼠标右键可进行平滑设置，使曲线更流畅。如图 1-25 所示。

小提示

利用工具箱中的“形状工具” ，可以对曲线的节点进行编辑。单击某一节点，该节点就处于选中状态，按住鼠标左键拖动即可移动节点，完成曲线形状的编辑。双击曲线中的任意一个节点，可以删除该节点。而双击曲线上任意一个没有节点的地方，则可以在该曲线上增加一个节点，或者在曲线上单击鼠标右键，也可以添加、删除节点。

（3）继续使用“贝塞尔工具” 绘制图形，用“形状工具” 编辑曲线节点，完成如图 1-26 所示图形的绘制。

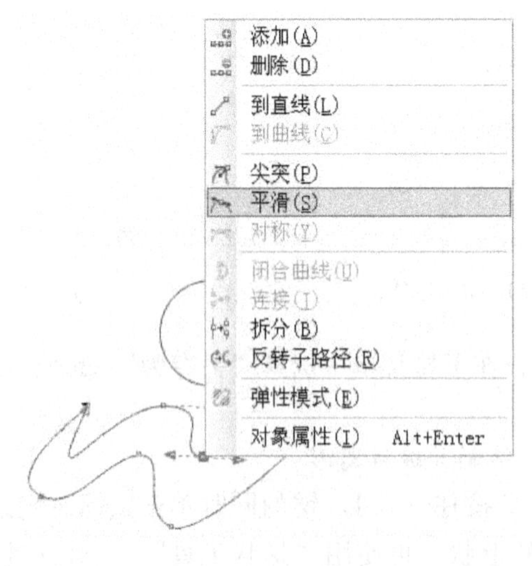

图 1-25　平滑节点

图 1-26　调整节点

4. 调整图形排列顺序

（1）用“选择工具”分别选取各部分图形，分别填充颜色为（C:0,M:55,Y:97,K:0）、（C:83,M:38,Y:0,K:0）、（C:62,M:0,Y:100,K:0）。双击“选择工具”选取全部图形，在软件界面右侧调色板最顶部的白色块☒上单击鼠标右键，删除图形轮廓线，如图 1-27 所示。

（2）用“选择工具”选取橙色圆形，复制（〈Ctrl + C〉）并粘贴（〈Ctrl + V〉）该图形，得到一个一模一样的圆形，给该圆形填充白色（C:0,M:0,Y:0,K:0）。用同样的方法再复制、粘贴一个圆形，填充黑色（C:0,M:0,Y:0,K:100），如图 1-28 所示。

图 1-27　填充颜色

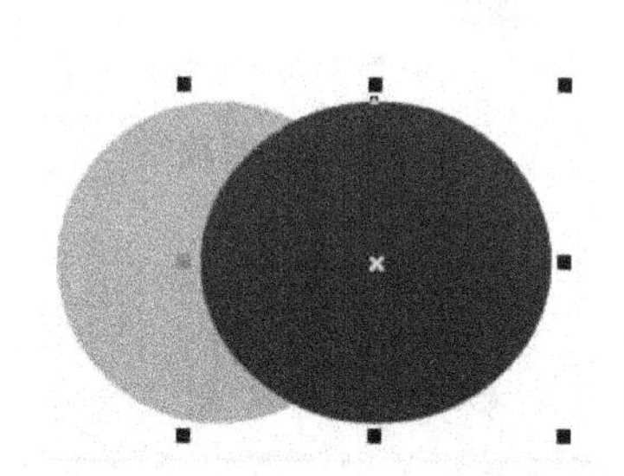

图 1-28　复制、粘贴图形

小提示

复制、粘贴除了使用快捷键外，还可以选择“编辑”菜单下的“复制”/“粘贴”命令。也可以用“选择工具”选中图形，在按下鼠标左键拖曳图形时快速单击鼠标右键，也可以实现复制/粘贴。

（3）选取黑色圆形，在“排列”菜单栏下选择“顺序”→“置于此对象后”命令，如图 1-29 所示。此时鼠标会变为黑色箭头，将黑色鼠标箭头指向橙色圆形并单击，将黑色圆形置于橙色圆形后面。用同样的方法调整图形顺序，如图 1-30 所示。

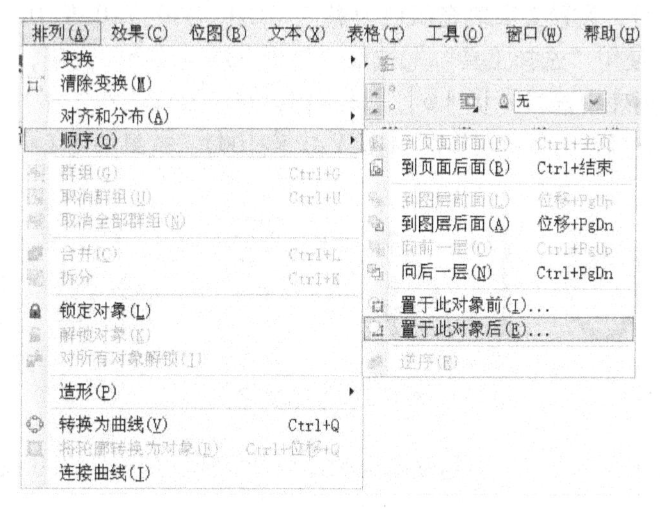

图 1-29　选择排列顺序

（4）重复前一步骤，复制并粘贴图形，填充颜色，调整图形顺序后的效果如图 1-31 所示。

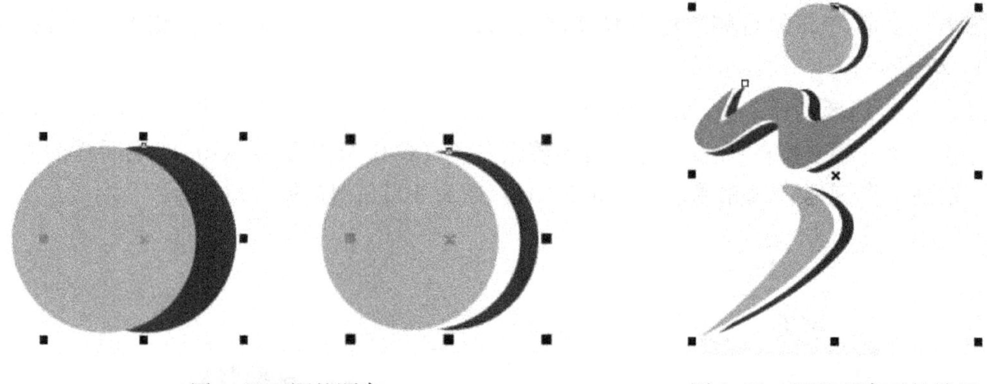

图 1-30　调整顺序　　　　图 1-31　调整顺序后的效果

小提示

在“排列”菜单中选择“顺序”命令，子菜单里的各种顺序效果大家都可以尝试一下，调整图形顺序就是调整图形的上下位置。也可以通过选取图形后，单击鼠标右键，选择“顺序”下的命令来调整图形上下位置关系。

5. 用“文本工具”输入文字

（1）单击“文本工具”，将鼠标移动到绘图窗口中，光标变成十字形状，单击鼠标左键，光标变成闪烁的 形状，用键盘输入“2014”字样。使用“选择工具”选取“2014”文字，在“文本工具”属性栏中的字体下拉列表中选择华文细黑字体，在“字体大小”下拉列表中选择“40”字号，设置文字填充颜色为黑色（C:0,M:0,Y:0,K:100）。输入“武警工程学院”字样，使用“选择工具”选取“武警工程学院”文字，在“文本工具”属性栏中的字体下拉列表中选择华文中宋字体，在“字体大小”下拉列表中选择“15”字号，设置文字填充颜色为黑色（C:0,M:0,Y:0,K:100）。输入“第十一届运动会”字样，使用“选择工具”选取“第十一届运动会”文字，在“文本工具”属性栏中的字体下拉列表中选择华文中宋字体，在“字体大小”下拉列表中选择“15”字号，设置文字填充颜色为黑色（C:0,M:0,Y:0,K:100）。效果如图 1-32 所示。

2014 武警工程学院
第十一届运动会

图 1-32　输入文字

（2）将文字放置在标志下方，运动会会徽即设计完成，如图 1-33 所示。

图 1-33　会徽设计最终效果

1.2　任务 2：设计制作中国结

中国结是一种中国特有的手工编织工艺品，代表着团结、幸福、平安，特别是在民间，它精致的做工深受大众的喜爱。这一节将主要运用 CorelDRAW X6 软件的“矩形工具”“椭圆工具”进行中国结的绘制，如图 1-34 所示。

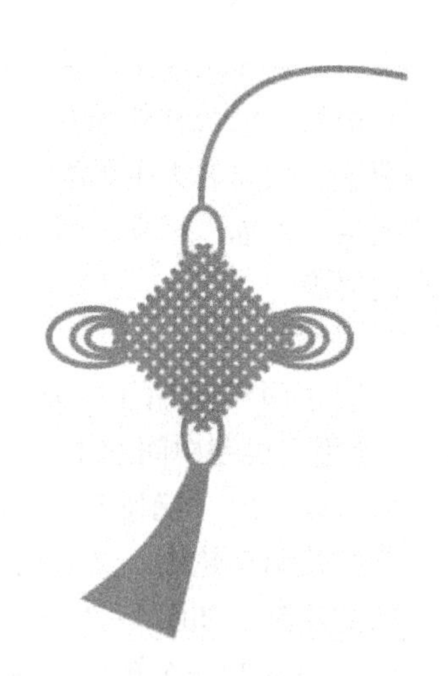

图 1-34　中国结

1.2.1　绘制矩形

“矩形工具” 是专门用来绘制正方形和长方形的工具。

（1）在工具箱中选择“矩形工具” 。

（2）将鼠标移动到绘图窗口中，按下鼠标左键向另一方向拖动鼠标，就可以在页面上绘制出一个长方形了，如图 1-35 所示。

（3）在绘制过程中按下〈Ctrl〉键，可以绘制出正方形，如图 1-36 所示。

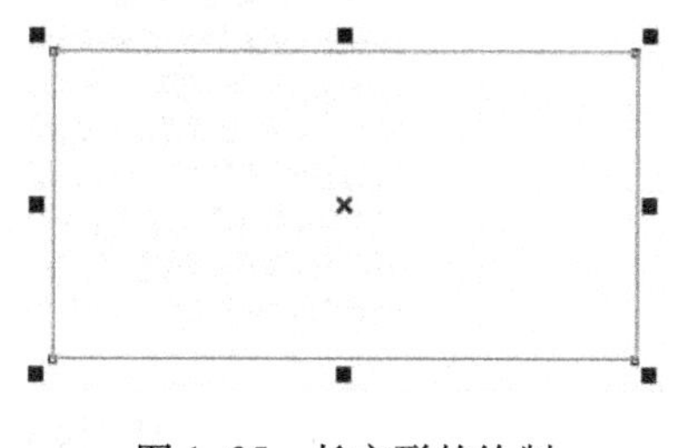

图 1-35　长方形的绘制

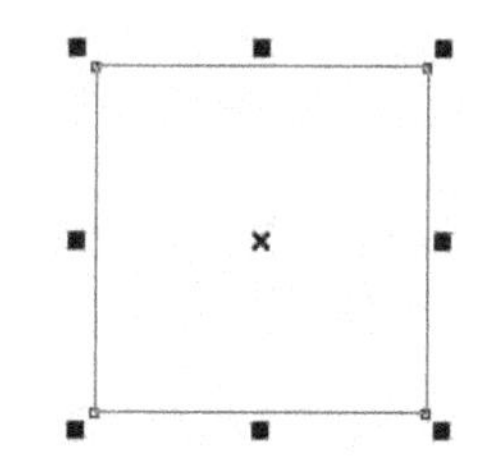

图 1-36　正方形的绘制

（4）如果要绘制圆角矩形，则需先单击选中绘制好的长方形，再单击工具栏中的“修改工具” ，用鼠标单击长方形的任意一角，向附近的节点拖动，则可以得到一个圆角矩形，如图 1-37 所示。此外还可以修改左右两边矩形的边角圆滑度，如图 1-38 所示，可以得到想要的圆角矩形。

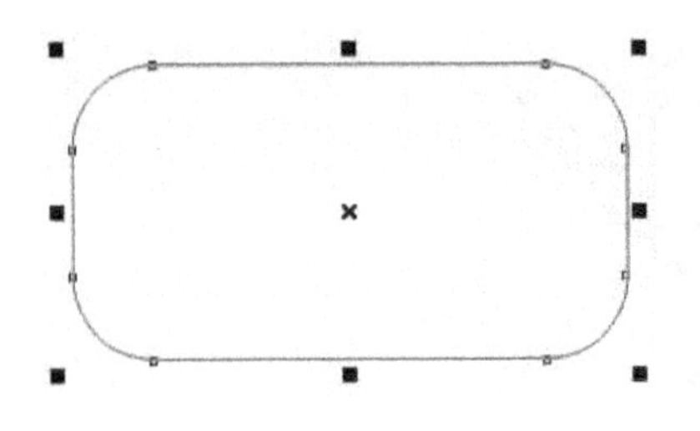
图1-37 圆角长方形的绘制

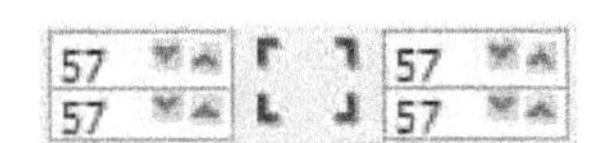

图1-38 左右两边矩形的边角圆滑度

1.2.2 设计制作中国结的步骤

1. 设计思路

中国结现多用作室内装饰物、亲友间的馈赠礼物及个人的随身饰物。因为其外观对称，符合中国传统装饰的习俗和审美观念，故命名为中国结，颜色运用了中国红。中国结代表着团结、幸福、平安，特别是在民间，它精致的做工深受大众的喜爱。

2. 技术剖析

绘制中国结运用了CorelDRAW X6软件中的“矩形工具”，使用它绘制中间图形，用“复制”“粘贴”命令实现图形的排列，用“椭圆形工具”和“贝塞尔工具”绘制两边的花纹及调整轮廓。最后用“贝塞尔工具”绘制穗，完成中国结的绘制，如图1-39所示。

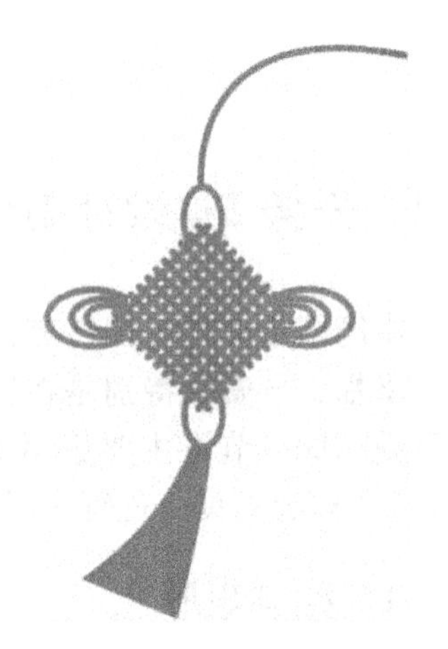
图1-39 中国结

（1）首先画一个矩形，各倒角100°绘制圆角矩形，如图1-40所示，填充红色，接着向下复制圆角矩形，然后等比例复制（快捷键：〈Ctrl+D〉），如图1-41所示。

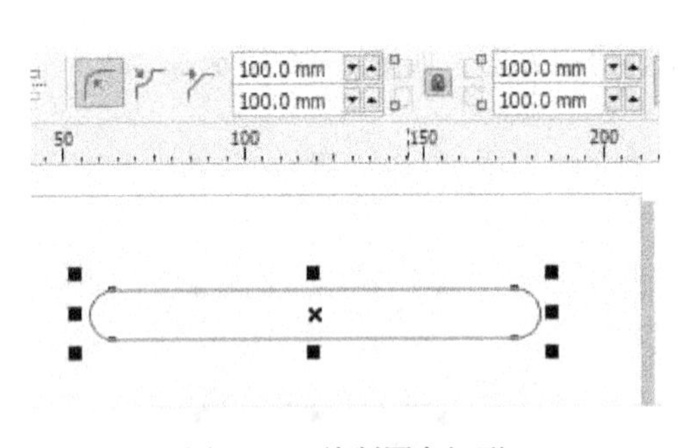

图1-40 绘制圆角矩形

图1-41 复制圆角矩形

（2）旋转90°复制一个重叠上去，如图1-42所示，然后选中它们再旋转45°，如图1-43所示，接着用“椭圆工具”加上两边的花纹，如图1-44所示。

（3）用“贝塞尔工具”给中国结加上穗和系统就完成了，如图1-45所示。

图 1-42　复制重叠

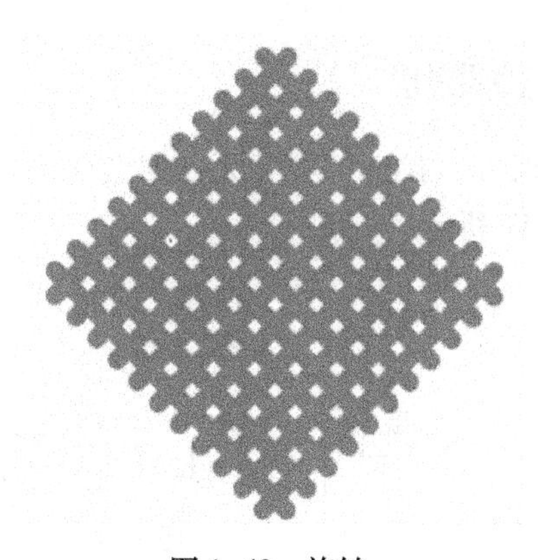

图 1-43　旋转

图 1-44　花纹绘制

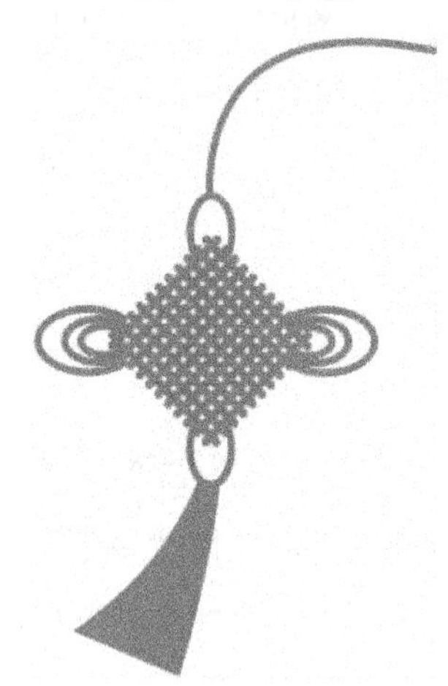

图 1-45　中国结

1.3　任务 3：设计制作卡通插画

人们平常所看的报纸、杂志、各种刊物或儿童图画书里，在文字间所加插的图画统称为“插画”。插画被广泛地用于社会的各个领域，如出版物、海报、动画、游戏、包装、影视等各个方面。一张精美的儿童插画能唤起对童年时的美好回忆，如图 1-46 所示。

图 1-46　卡通插画

1.3.1　绘制圆形

（1）保持“挑选工具”无任何选取的情况下，选择“椭圆工具”后，属性栏中的选项如图 1-47 所示。

图 1-47　“椭圆工具”的属性栏

（2）分别选择“圆形”、“饼形”和“弧形”后，在绘制窗口中将分别绘制出圆形、饼形和弧形，如图 1-48 所示。

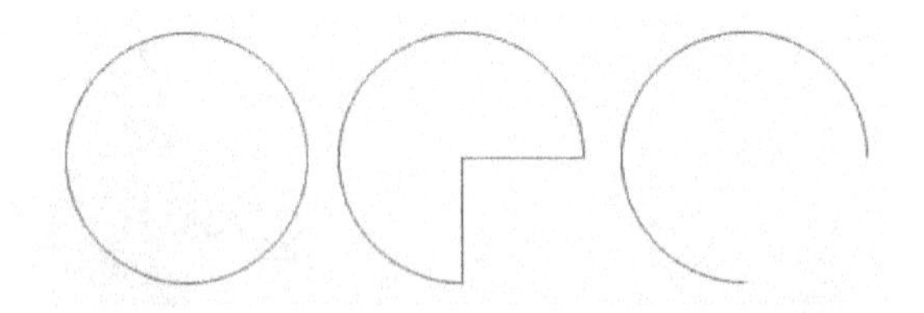

图 1-48　“椭圆工具”属性栏中的三种类型

（3）绘制半圆形可以选择“饼形”，在绘制窗口中绘制出饼形，再修改其起始和结束角度分别为 0°和 180°（如图 1-49 所示）则可以绘制出半圆，如图 1-50 所示。

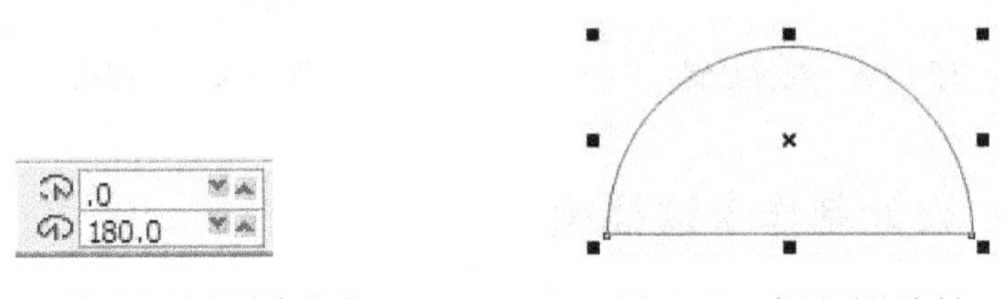

图 1-49　修改起始和结束角度　　图 1-50　半圆形的绘制

1.3.2　设计制作卡通插画的步骤

1. 设计思路

儿童插画中有可爱的小玩偶、动物头像的气球等图形，充分表现孩童的特点。以明快、亮丽的色调为主，有蓝天与白云、鲜花与草地，还配有动物头像的气球，使整个画面欢快喜庆，充满童趣。

2. 技术剖析

本节将主要运用 CorelDRAW X6 软件的“椭圆工具”“贝塞尔工具”进行卡通插画的绘制，如图 1-51 所示。用填充工具填充底色，用绘图工具绘制动物头像的气球、彩虹等图形，鲜花的颜色运用了渐变填充色。

3. 制作步骤

（1）启动 CorelDRAW X6，单击“新建”按钮，新建一个文档。

图 1-51　卡通插画

（2）在“文件”下拉菜单中选择“另存为”命令，以“儿童插画”为文件名保存。

（3）选择“矩形工具”，绘制宽为 140 mm、高度为 100 mm 的矩形。

（4）打开“渐变填充”对话框，设置“类型”为“线性”，设置“角度”为 -90、“边界”为 0、“颜色调和”为“双色”，设置颜色为“从（F）”（C:57,M:2,Y:2,K:0）“到（O）”（C:0,M:0,Y:0,K:0），设置“中点（M）”为 40，单击“确定”按钮。天空颜色就填充好了，如图 1-52 所示。

（5）选择“手绘工具”中的“贝塞尔工具”，绘制出草地的轮廓，并分别填充颜色（C:16,M:0,Y:86,K:0）、（C:31,M:0,Y:93,K:0）、（C:63,M:3,Y:100,K:0）。然后在工作页面右方调色板上方的“☒”图标上单击鼠标右键，删除轮廓线。此时草地的绘制效果如图 1-53 所示。

图 1-52　天空颜色填充效果

图 1-53　绘制草地

（6）选择工具栏中的“椭圆工具”，绘制两个正圆形。用“选择工具”同时选中这两个正圆，在菜单栏中选择【排列】→【对齐与分布】命令，在“对齐”面板中分别单击“垂直居中对齐”“水平居中对齐”，“对齐对象到活动对象”按钮。在属性栏中单击“修剪”按钮，得到一个环形，如图 1-54 所示。选择“矩形工具”，绘制一个宽为

100 mm、高度为 55 mm 的矩形。将该矩形放置在环形的水平位置，用“选择工具”同时选中环形和矩形，如图 1-55 所示。在属性栏中单击“修剪”按钮，用“选择工具”选中矩形，删除矩形后得到一个半环形，如图 1-56 所示。

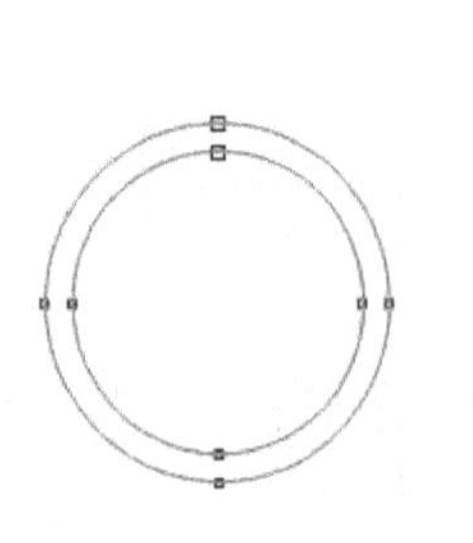

图 1-54　一个环形

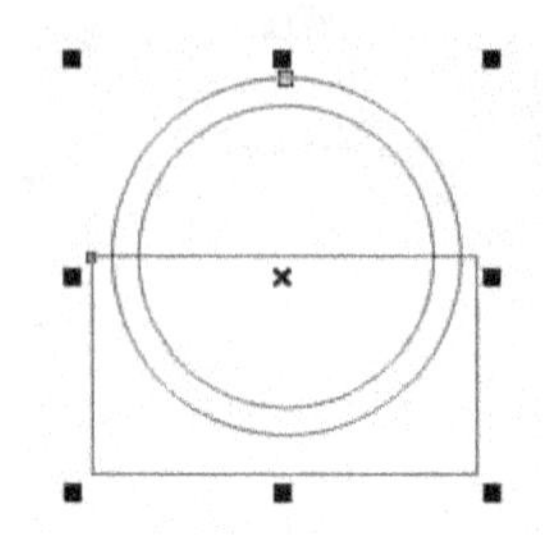

图 1-55　矩形放置在环形的水平位置

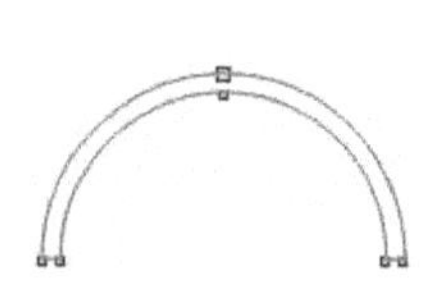

图 1-56　一个半环形

（7）用“选择工具”选择半环形，复制粘贴出多个半环形，分别调整其大小，绘制出彩虹。用“选择工具”同时选中半环形，在菜单栏中选择【排列】→【对齐与分布】命令，在“对齐”面板中分别单击“垂直居中对齐”“底端对齐”按钮，效果如图 1-57 所示。由外至内，分别均匀填充颜色（C:20,M:80,Y:0,K:0）、（C:20,M:0,Y:60,K:0）、（C:0,M:0,Y:60,K:0）、（C:2,M:49,Y:90,K:0）、（C:0,M:100,Y:100,K:0），单击“确定”按钮。删除轮廓线，将绘制的彩虹放置在草地的后面，如图 1-58 所示。

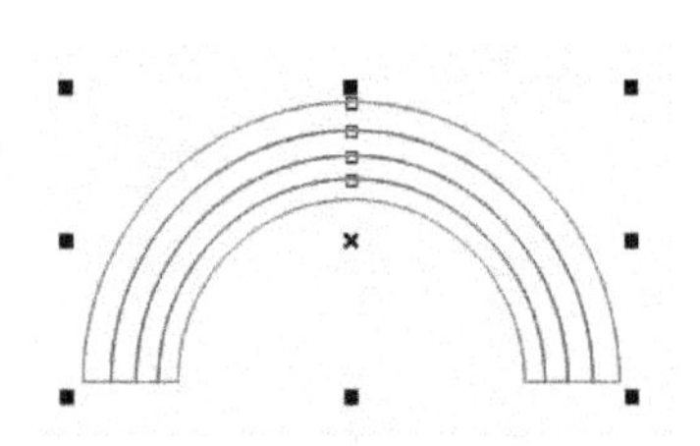

图 1-57　绘制彩虹

图 1-58　彩虹效果图

（8）用“椭圆工具”绘制 4 个大小不一的椭圆形，将它们组合成云朵的外形。用“选择工具”选取全部椭圆，在属性栏中单击“合并”按钮，效果如图 1-59 所示。单击“填充工具”，打开“渐变填充”对话框，设置“类型”为“辐射”，设置中心位移“水平”为 0、“垂直”为 -6、“边界”为 4，设置“颜色调和”为“双色”，设置颜色为“从（F）”（C:0,M:0,Y:0,K:10）“到（O）”（C:0,M:0,Y:0,K:0），设置“中点（M）”为 40，单击“确定”按钮。删除轮廓线，此时“云朵”效果如图 1-60 所示。

（9）用“选择工具”选取云朵，在标准工具栏中单击“复制”按钮，再单击“粘贴”按钮，得到另外两个云朵，分别调整其大小。此时天空中的白云就绘制完了，如图 1-61 所示。

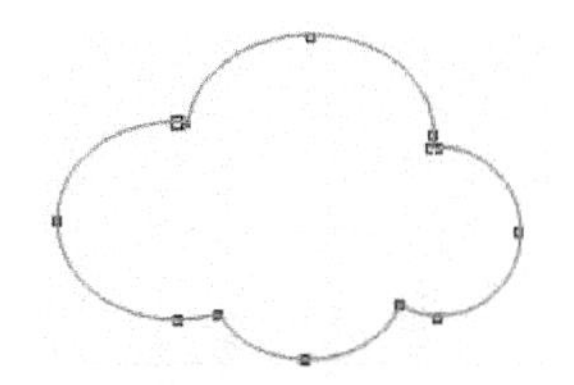

图 1-59　绘制云朵

图 1-60　填充渐变色

图 1-61　云朵效果图

（10）用“贝塞尔工具”绘制花朵外形，如图 1-62 所示。用“选择工具”选中花瓣，打开“渐变填充”对话框，设置“类型”为“辐射”，设置中心位移“水平”为 -12、“垂直”为 -11、“边界”为 0，设置“颜色调和”为“双色”，设置颜色为“从（F）”（C:4,M:85,Y:71,K:0）“到（O）”（C:2,M:23,Y:56,K:0）、“中点（M）”为 43，单击“确定”按钮。效果如图 1-63 所示。

图 1-62　绘制花朵一

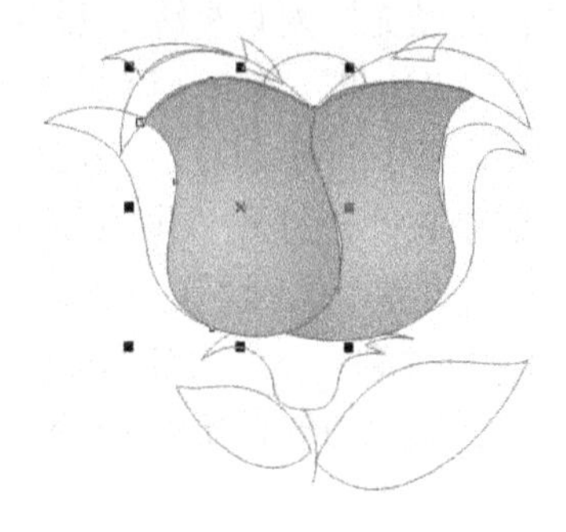

图 1-63　填充花瓣一

（11）用“选择工具”选中其他花瓣，打开“渐变填充”对话框，设置“类型”为“线性”，设置“角度”为 -90、“边界”0，设置“颜色调和”为“双色”，设置颜色为“从（F）”（C:1,M:80,Y:63,K:0）“到（O）”（C:1,M:42,Y:96,K:0）、“中点（M）”为 50，单击“确定”按钮，效果如图 1-64 所示。用“选择工具”选中花心，设置填充颜色为（C:0,M:100,Y:60,K:0），效果如图 1-65 所示。

图 1-64　填充花瓣二

图 1-65　填充花心

（12）用“选择工具”选中枝叶，打开“渐变填充”对话框，设置“类型”为“线性”，设置“角度”为 -90、“边界”0，设置“颜色调和”为“双色”，设置颜色为“从（F）”（C:36,M:0,Y:94,K:0）“到（O）”（C:83,M:18,Y:95,K:0）、“中点（M）”为50，单击“确定”按钮。选中花朵，删除边框线，效果如图 1-66 所示。

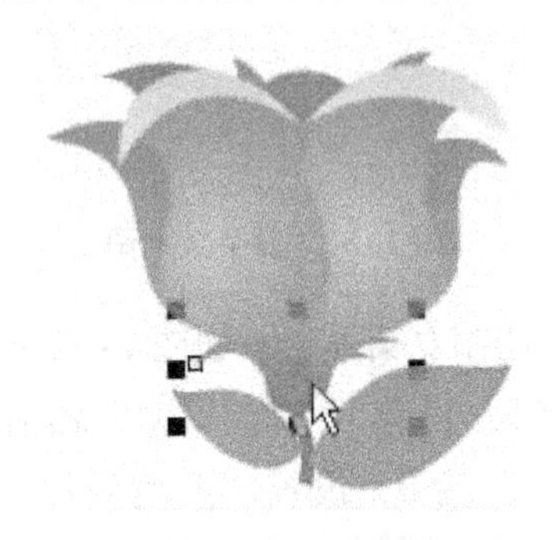

图 1-66　填充枝叶

（13）用“贝塞尔工具”绘制另一花朵，如图 1-67 所示。用“选择工具”选中花瓣，打开“渐变填充”对话框，设置“类型”为“辐射”，设置中心位移“水平”为18、“垂直”为 -5、“边界”为0，设置“颜色调和”为“双色”，设置颜色为“从（F）”（C:2,M:69,Y:96,K:0）“到（O）”（C:2,M:17,Y:91,K:0）、“中点（M）”为43，单击“确定”按钮。选中枝叶，打开“渐变填充”对话框，设置“类型”为“线性”，设置“角度”为 -90、“边界”0，设置“颜色调和”为“双色”，设置颜色为“从（F）”（C:36,M:0,Y:94,K:0）“到（O）”（C:83,M:18,Y:95,K:0）、“中点（M）”为50，单击“确定”按钮。删除边框线后的效果如图 1-68 所示。

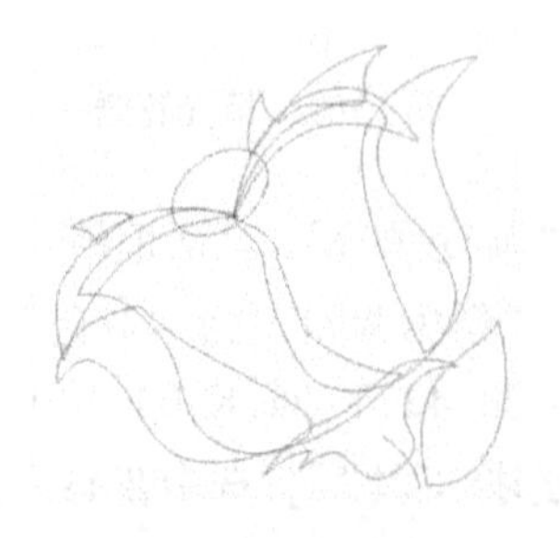

图 1-67　绘制花朵二

图 1-68　填充花朵二

（14）用“贝塞尔工具”绘制第三朵花，如图1-69所示。用“选择工具”选中花瓣，打开“渐变填充”对话框，设置“类型”为“辐射”，设置中心位移“水平”为-19、“垂直”为-7、“边界”为0，设置“颜色调和”为“双色”，设置颜色为“从（F）”（C:2,M:82,Y:16,K:0）“到（O）”（C:1,M:27,Y:21,K:0）、“中点（M）”为43，单击“确定”按钮。选中枝叶，打开“渐变填充”对话框，设置“类型”为“线性”，设置“角度”为-90、“边界”0，设置“颜色调和”为“双色”，设置颜色为“从（F）”（C:36,M:0,Y:94,K:0）“到（O）”（C:83,M:18,Y:95,K:0）、“中点（M）”为50，单击“确定”按钮。删除边框线后的效果如图1-70所示。

图1-69　绘制花朵三

图1-70　填充花朵三

（15）将花朵分别群组后放置在如图1-71所示的位置。

图1-71　排列花朵

（16）选择“椭圆工具”，绘制小熊气球的头部。打开“渐变填充”对话框，设置“类型”为“辐射”，设置中心位移“水平”为1、“垂直”为27、“边界”为0，设置“颜色调和”为“双色”，设置颜色为“从（F）”（C:0,M:20,Y:100,K:10）“到（O）”（C:0,M:0,Y:20,K:0）、“中点（M）”为44，单击“确定”按钮。用“椭圆工具”绘制两个半圆形作为小熊的耳朵，用“贝塞尔工具”绘制出头部下的三角形，打开“渐变填充”对话框，设置“类型”为“线性”，设置“角度”为-87、“边界”为2、“颜色调和”“双色”，设置颜色为“从（F）”（C:0,M:20,Y:100,K:0）“到（O）”（C:0,M:0,Y:60,K:0）、“中点（M）”为50，单击“确定”按钮。如图1-72所示。

（17）再用“椭圆工具”绘制小熊的耳朵，颜色填充为（C:0,M:33,Y:70,K:0）；绘制小熊的脸，填充颜色为（C:0,M:0,Y:20,K:0）；绘制小熊的眼睛和鼻子，填充颜色为（C:

0,M:0,Y:0,K:100)。再用“贝塞尔工具” 绘制出小熊的嘴巴和线绳，单击“轮廓笔工具” ，打开轮廓笔面板，设置轮廓颜色为黑色，宽度为0.35mm，单击“确定”按钮。除小熊的嘴巴和线绳外，用“选择工具” 将小熊图形全部选取，然后在工作页面右方调色板上方的“☒”图标上单击鼠标右键，删除轮廓线。此时“小熊头像气球”绘制效果如图1-73所示。

图1-72 小熊外形

图1-73 小熊头像气球最终效果

(18) 用同样的方法绘制熊猫头像气球外形。头部颜色设置：打开“渐变填充”对话框 ，设置“类型”为“辐射”，设置中心位移“水平”为-8、“垂直”为8、“边界”为0、“颜色调和”为“双色”，设置颜色为“从(F)”(C:0,M:0,Y:0,K:10)“到(O)”(C:0,M:0,Y:0,K:0)、“中点(M)”为50，单击“确定”按钮。耳朵、眼睛、鼻子颜色设置：打开“渐变填充”对话框 ，设置“类型”为“线性”，设置“角度”为-84、“边界”3、“颜色调和”为“双色”，设置颜色为“从(F)”(C:100,M:20,Y:0,K:0)“到(O)”(C:40,M:0,Y:0,K:0)、“中点(M)”为50，单击“确定”按钮。删除线绳外其他图形的轮廓线，如图1-74所示。

(19) 用同样方法绘制兔子头像气球外形。头部颜色设置：打开“渐变填充”对话框 ，设置“类型”为“辐射”，设置中心位移“水平”为10、“垂直”为19、“边界”为0、“颜色调和”为“双色”，设置颜色为“从(F)”(C:5,M:32,Y:7,K:0)“到(O)”(C:0,M:0,Y:0,K:0)、“中点(M)”为50，单击“确定”按钮。耳朵和头部下的三角形颜色设置：打开“渐变填充”对话框 ，设置“类型”为“线性”，设置“角度”为-96、“边界”为1、“颜色调和”为“双色”，设置颜色为“从(F)”(C:5,M:32,Y:7,K:0)“到(O)”(C:0,M:0,Y:0,K:0)、“中点(M)”为50，单击“确定”按钮。脸蛋的颜色设置为(C:5,M:31,Y:5,K:0)，眼睛和鼻子的颜色为(C:0,M:0,Y:0,K:100)。除小兔的眼睛、嘴巴和线绳外，删除其他图形的轮廓线，如图1-75所示。

图1-74 熊猫头像气球最终效果

图1-75 兔子头像气球最终效果

（20）将绘制好的动物头像气球放置插画中的适当位置，如图 1-76 所示。

图 1-76　儿童插画效果

1.4　习题

1. 选择题

（1）CorelDRAW 是一个________绘图应用软件

A. 位图　　B. 矢量　　C. 图片　　D. 效果图

（2）在 CorelDRAW X6 中，按________键，可切换为“挑选工具”。

A. 空格　　B. Ctrl　　C. Alt　　D. Shift

（3）CorelDRAW 的备份文件的扩展名是________。

A. CDR　　B. BAK　　C. CPT　　D. TMP

2. 简答题

（1）如何使用“矩形工具”绘制圆角矩形？

（2）简述 CMYK 颜色模式。

（3）如何使用“贝塞尔工具”绘图？

项目 2　绘制及编辑路径

本项目要点：

- 熟练掌握常用绘制工具的使用。
- 熟练掌握形状工具的使用。
- 熟练掌握图形编辑工具的使用。
- 了解绘制各种形状的方法和思路。

2.1　任务 1：制作简约名片

尽管随着互联网的普及，更多的人开始留电邮联系方式，但是名片更正规，依然在商业活动中扮演重要角色。那么如何让你的名片设计鹤立鸡群？首先，要做好定位。名片必须和公司的形象、业务、风格匹配。一般来说，一张名片的尺寸做到 3.5 in 长、2 in 宽最合适。因为这样就可以方便地装入口袋或钱包中，不要把名片做得太大，而太小的名片容易丢失。其次，设计要有趣，比如，可以设计成半折叠式的，而且设计名片的时候一定要注意务求简约，追求联系信息的快速呈递。从一张名片上，就能看出一个设计师的基本功。

这一节主要运用 CorelDRAW X6 软件中的“贝塞尔曲线工具”和“矩形工具”制作如图 2-1 所示的简约名片。

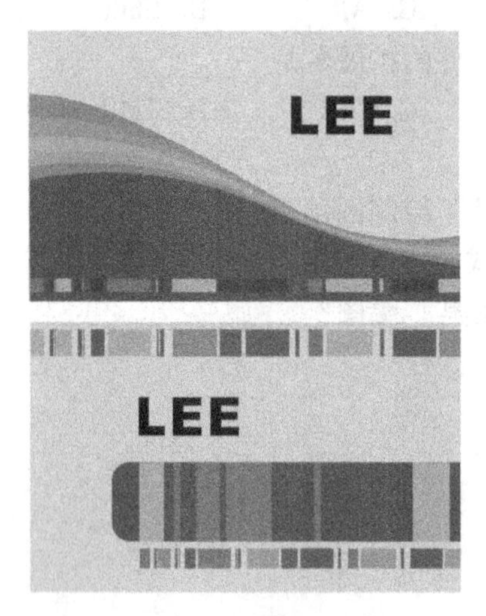

图 2-1　简约名片

用户在绘图之前需要对绘图页面进行设置，对于一些基本的选项，例如改变页面尺寸、方向等，可以通过属性栏完成。但要设置页面背景或者版面，则需打开“选项”对话框进行设置。

选择“贝塞尔工具”，要注意绘制路径的流畅性。

2.1.1　绘制直线及曲线

1. 手绘工具

“手绘工具”是一种最直接的绘图方法。“手绘工具”的使用方法十分简单，用户可以通过它在工作区内自由绘制一些不规则的形状或线条等，常用于制作绘画感强烈的设计作品。

（1）单击工具箱中的“手绘工具”按钮，在工作区中按下鼠标左键并拖动，在绘制出理想的状态后释放鼠标，线条的终点和起点会显示在状态栏中，如图 2-2 所示。

（2）单击起点，光标出现一个斜杠时，再次单击终点，可以绘制直线，如图 2-3 所示。

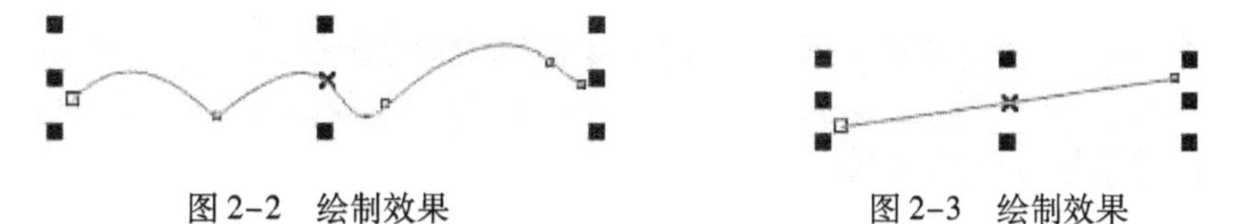

图 2-2　绘制效果　　　图 2-3　绘制效果

2. 两点线工具

使用“两点线工具”可以方便、快捷地绘制出直线段，在绘图中非常有用。

单击工具箱中的“两点线工具”按钮，在工作区中按住鼠标左键并拖动至合适的角度及位置后释放鼠标即可，线段的终点和起点会显示在状态栏中，如图 2-4 所示。

图 2-4　绘制效果

3. 贝塞尔工具

“贝塞尔工具”主要用于绘制非几何类图形，它可以用来绘制平滑、精确的曲线，通过改变节点和控制点的位置来控制曲线的弯曲度。然后再通过调整控制点去调节直线和曲线的形状。绘制曲线的步骤如下：

（1）单击工具箱中的“贝塞尔工具”。

（2）在绘制页面上按下鼠标左键并拖动鼠标，作为曲线的起点。

（3）将鼠标移动到另一个地方，单击鼠标左键后不放开鼠标，此时出现一条具有两个控制点的蓝色的控制线，如图 2-5 所示。调节控制线的第二个控制点直到达到理想的形状后再放开鼠标，如图 2-6 所示。

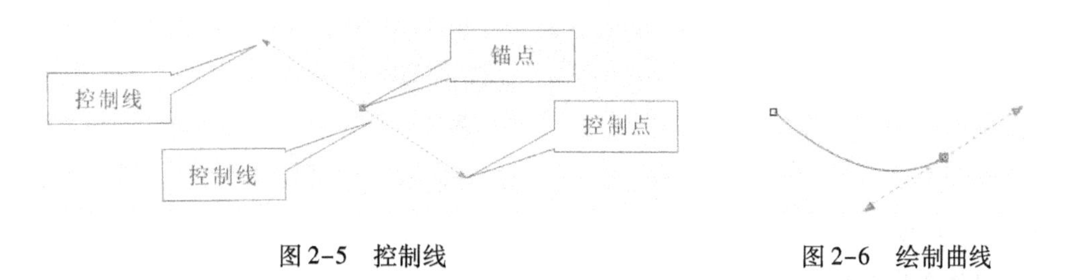

图 2-5　控制线　　　图 2-6　绘制曲线

4. 钢笔工具

在工具箱中找到“钢笔工具”并单击，执行下面的操作：

- 要绘制曲线段，可在要放置第一个节点的位置单击，然后将控制手柄拖动至要放置下一个节点的位置，松开鼠标左键，双击鼠标左键结束绘制。

● 要绘制直线段，可在要开始该线段的位置单击，然后在要结束该线段的位置单击。双击鼠标左键结束绘制，如图 2-7 所示。

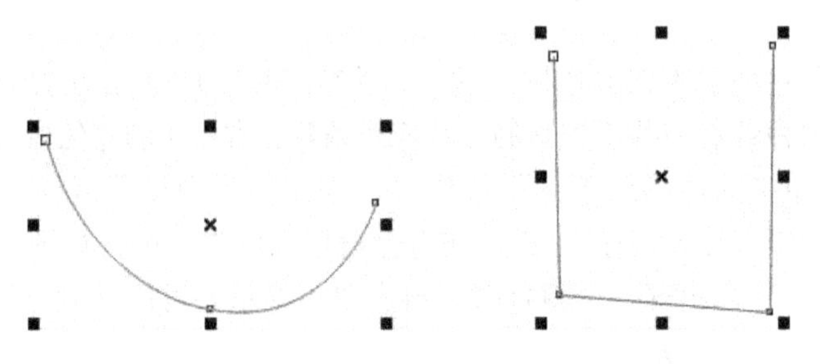

图 2-7　使用“钢笔工具”绘制曲线和直线段

2. 1. 2　制作简约名片的步骤

1. 设计思路

名片是商家宣传自己的一种印刷品。名片能有效地把企业形象提升到一个新的层次，诠释企业的文化理念，所以名片已经成为企业必不可少的形象宣传工具。

2. 技术剖析

该案例中，主要运用 CorelDRAW X6 软件中的“贝塞尔工具”“矩形工具”和“填充工具”制作名片效果。完成该名片的绘制首先需要使用“贝塞尔工具”“矩形工具”绘制名片的背景形态。再结合“文本工具”、版式编排效果来进行设计制作。效果如图 2-8 所示。

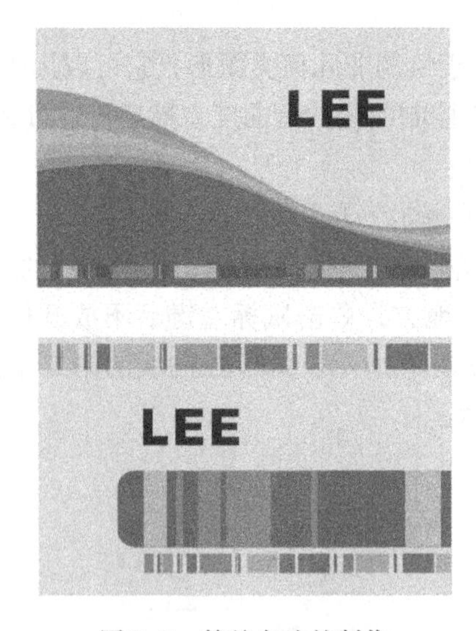

图 2-8　简约名片的制作

3. 制作步骤

1）制作名片正面

（1）建立 A4 大小的文件，单击工具箱中的“矩形工具”按钮，在文件中拖动鼠标绘制一个 89 mm × 54 mm 的矩形。

单击“填充工具”，此时出现一行填充工具按钮，渐变填充包含“线性渐变”“射线渐变”“圆锥渐变”和“方角渐变”4 种类型。它可以为对象增加两种或两种以上颜色的平滑渐进色彩效果。

选择“均匀填充”。此时出现“均匀填充”对话框，设置颜色，如图 2-9 所示，效果如图 2-10 所示。

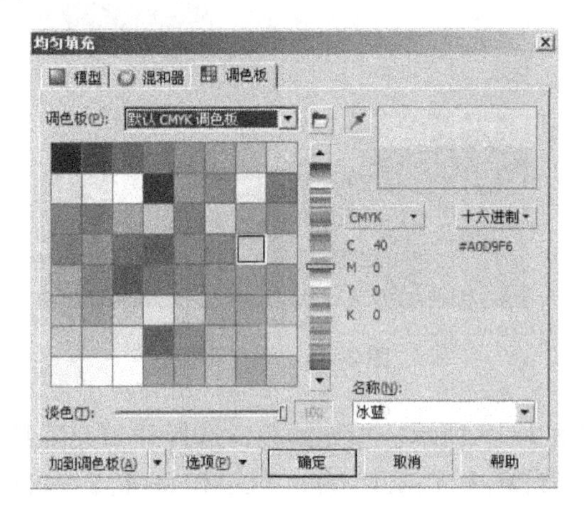

图 2-9　设置颜色

图 2-10　填充效果

（2）选择第二个工具——“贝塞尔工具”来绘制形状，绘制完曲线后，通过调整控制点，可以调节直线和曲线的形状。曲线绘制效果如图 2-11 所示。单击“挑选工具”，选中绘制的路径，然后单击“填充工具”，选择“均匀填充”，将其填充成蓝色，填充颜色为（C:95,M:0,60:25,K:0），效果如图 2-12 所示。

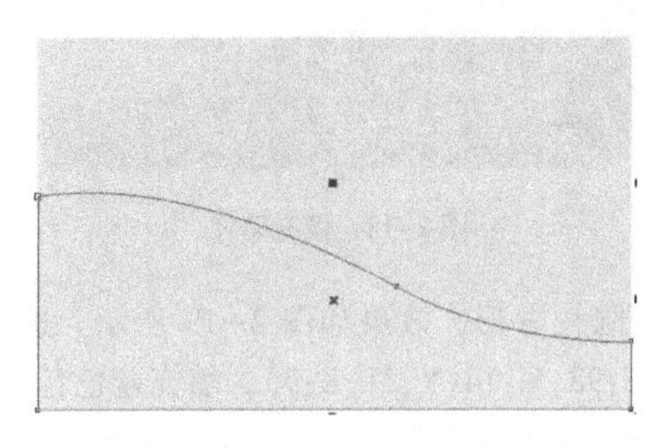

图 2-11　绘制路径

图 2-12　填充路径

（3）选择“贝塞尔工具”绘制路径，如图 2-13 所示。填充颜色，选择“填充工具”，设置颜色为（C:100,M:0,Y:0,K:0），填充颜色后的效果如图 2-14 所示。

图 2-13　绘制路径

图 2-14　填充路径

（4）选择“贝塞尔工具”绘制路径，如图2-15所示。填充颜色，选择“填充工具”，设置颜色为（C:100,M:20,Y:0,K:0），填充颜色后的效果如图2-16所示。

图2-15　绘制路径

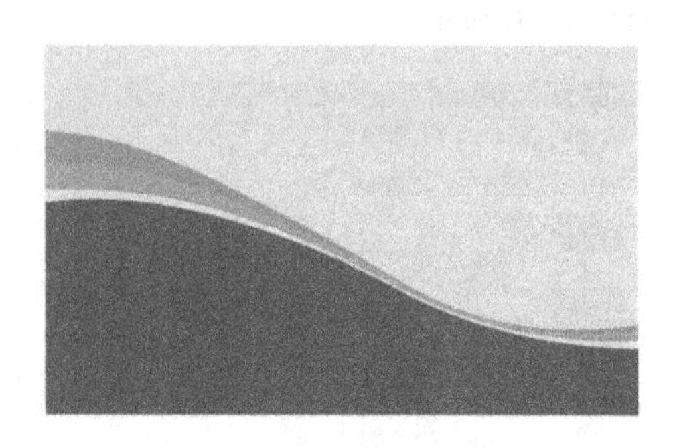
图2-16　填充路径

（5）选择“贝塞尔工具”绘制路径，如图2-17所示。填充颜色，选择“填充工具”，设置颜色为（C:60,M:0,Y:20,K:0）、（C:65,M:3,Y:2,K:0）、（C:90,M:4,Y:24,K:0），填充颜色后的效果如图2-18所示。

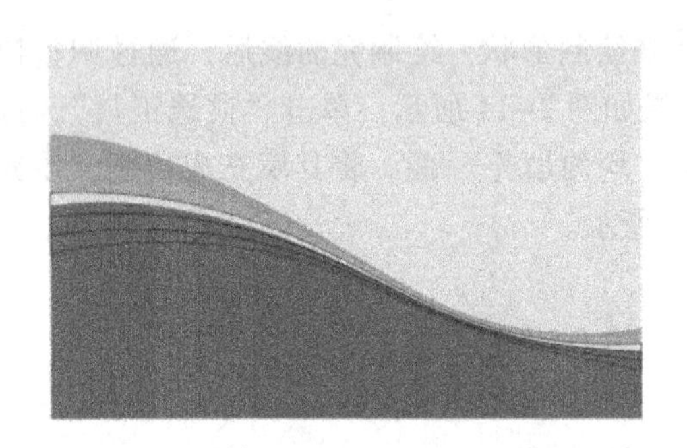
图2-17　绘制路径

图2-18　填充路径

（6）选择“矩形工具”，在画面左下角绘制长方形，效果如图2-19所示。选择“填充工具”中的“均匀填充”，设置颜色为（C:98,M:14,Y:31,K:3），填充蓝色色块，如图2-20所示。使用同样的方法，进行绘制。选择“矩形工具”，绘制多个矩形，效果如图2-21所示。选择“填充工具”中的“均匀填充”，设置颜色为（C:94,M:50,Y:35,K:27）、（C:80,M:0,Y:0,K:0）、（C:98,M:14,Y:31,K:3），效果如图2-22所示。

图2-19　绘制路径

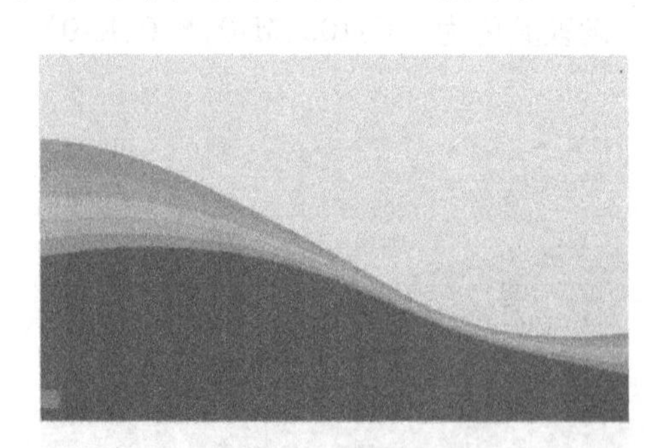
图2-20　填充路径

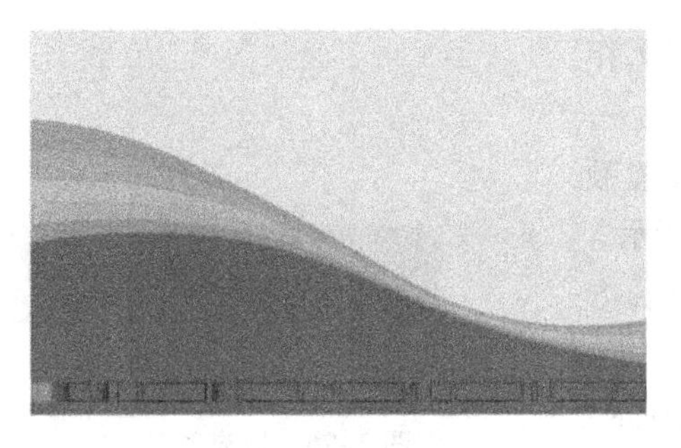

图 2-21　绘制路径

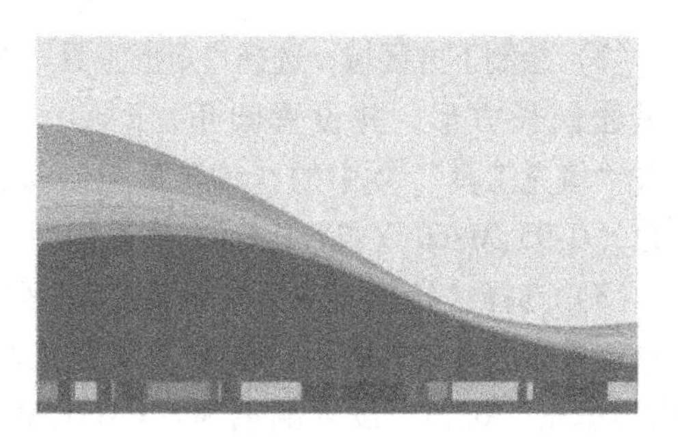

图 2-22　填充路径

（7）选择“文本工具”，设置字体为 Arial Black、大小为 30、颜色为黑色，添加文字“LEE”，名片正面效果如图 2-23 所示。

图 2-23　名片正面效果

2）制作名片背面

（1）单击工具箱中“矩形工具”按钮，继续在文件中拖动鼠标，绘制一个 89 mm × 54 mm 的矩形。

单击“填充工具”，此时出现一行填充工具按钮，渐变填充包含“线性渐变”“射线渐变”“圆锥渐变”和“方角渐变”4 种类型。它可以为对象增加两种或两种以上颜色的平滑渐进色彩效果。

选择“均匀填充”。此时出现“均匀填充”对话框，设置颜色，如图 2-24 所示，效果如图 2-25 所示。

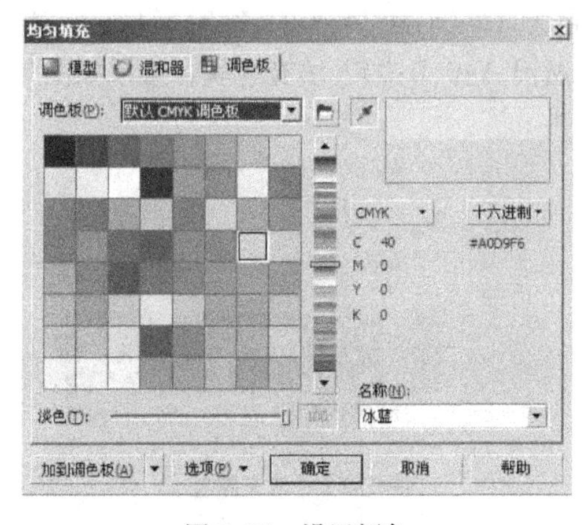

图 2-24　设置颜色

图 2-25　填充效果

（2）绘制下方区域，选择“矩形工具”，在工作区里绘制长方形，并设置圆角，，单击“填充工具”中的“均匀填充”按钮，设置颜色为（C:95,M:60,Y:25,K:0），效果如图2-26所示。

图2-26　填充颜色

（3）选择“矩形工具”，在工作区中绘制长方形，效果如图2-27所示。单击“填充工具”中的“均匀填充”按钮，设置颜色为（C:60,M:0,Y:0,K:0），填充蓝色色块，效果如图2-28所示。使用同样的方法，选择“矩形工具”，绘制多个矩形，效果如图2-29所示。单击“填充工具”中的“均匀填充”按钮，设置颜色为（C:98,M:14,Y:31,K:3），效果如图2-30所示。

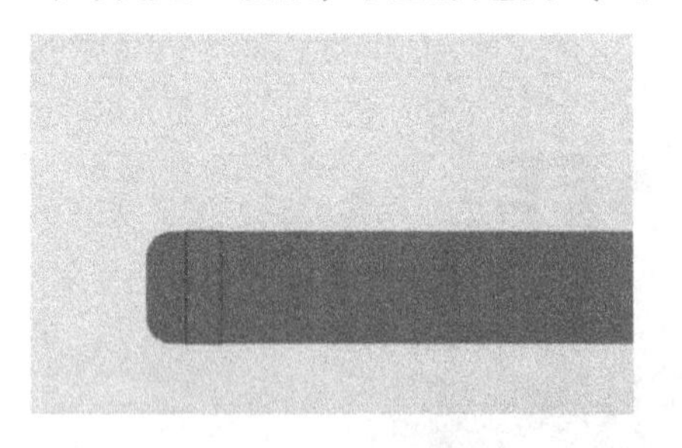

图2-27　绘制路径

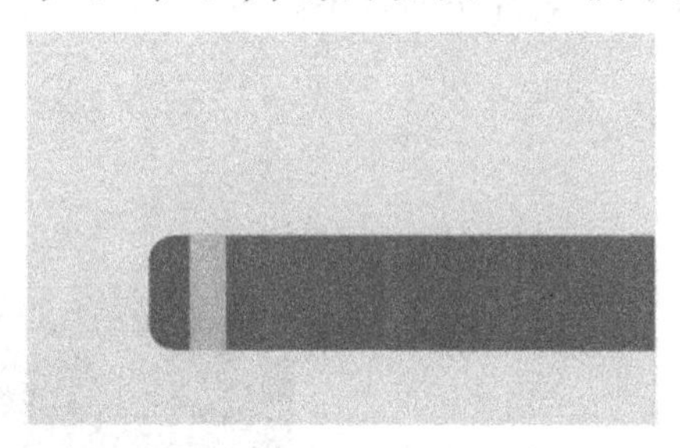

图2-28　填充路径

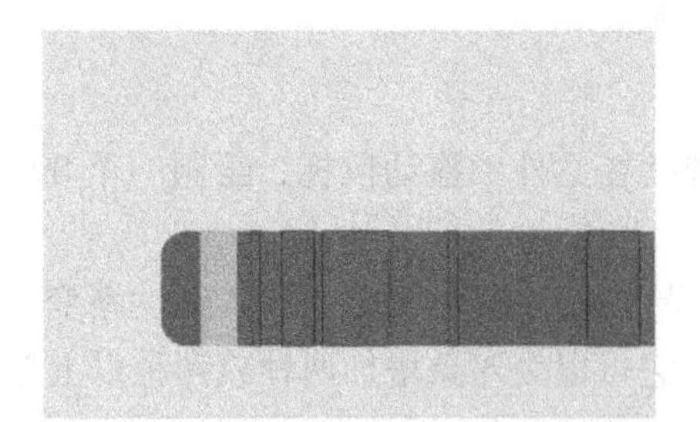

图2-29　绘制路径

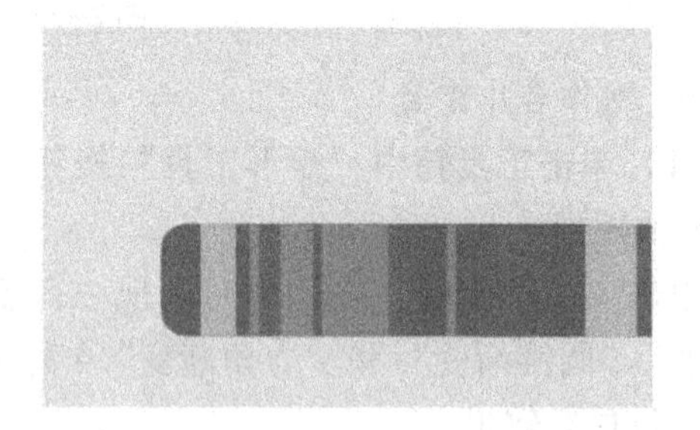

图2-30　填充路径

（4）继续选择“矩形工具”，在画面中绘制多个矩形，效果如图2-31所示。单击“填充工具”中的“均匀填充”按钮，设置颜色为（C:98,M:14,Y:31,K:3）、（C:92,M:32,Y:33,K:15）、（C:90,M:4,Y:24,K:0）、（C:80,M:0,Y:0,K:0），填充色块，效果如图2-32所示。

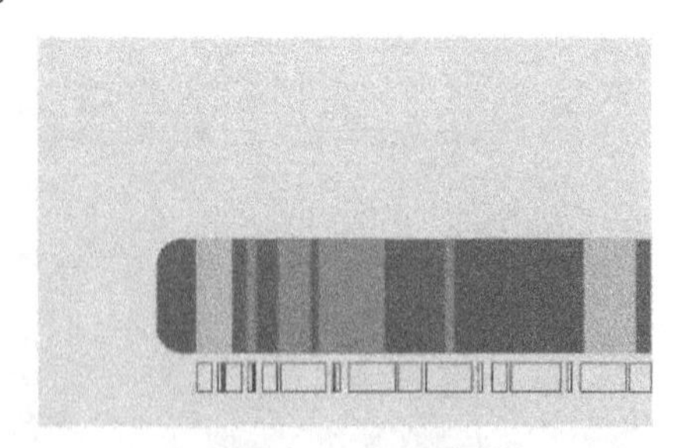

图2-31　绘制路径

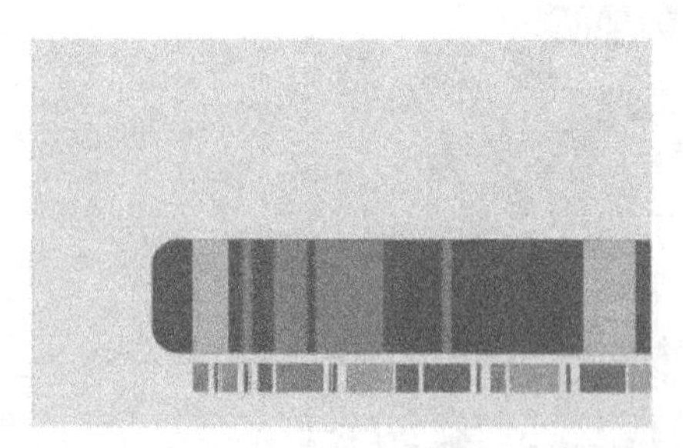

图2-32　填充路径

（5）选择“文本工具” 字，设置字体为 Arial Black、大小为 30、颜色为黑色，添加文字“LEE”，名片背面效果如图 2-33 所示。

图 2-33　名片背面效果

2.2　任务 2：制作宣传海报

可以说，一张好的宣传海报设计往往能够获得非常好的人气和宣传效果，一些在宣传海报设计方面有创意的作品，更是能够吸引更多人的眼球。创意宣传海报设计应首先看重对于宣传主题的直接表达，好的设计方法是将某产品或主题直接如实地展示在广告版面上，充分运用摄影或绘画等技巧的写实表现能力，使消费者对所宣传的产品产生一种亲切感和信任感。创意宣传海报设计还要注意宣传的方式和方法，以及在创意宣传海报设计中应注意找到良好的切入点，应着力突出产品的品牌和产品本身最容易打动人心的部位，运用背景进行烘托，使产品置身于一个具有感染力的空间，这样才能增强广告画面的视觉冲击力。这一节将制作如图 2-34 所示的宣传海报设计。

图 2-34　宣传海报设计

2.2.1 形状编辑工具

1. 曲线编辑

1）添加和删除节点

用“挑选工具” 选择绘制的曲线，单击“钢笔工具”，在最后的节点上用鼠标左键单击，这就意味着还可以继续之前的编辑，通过这种方法把曲线闭合，效果如图 2-35 所示。

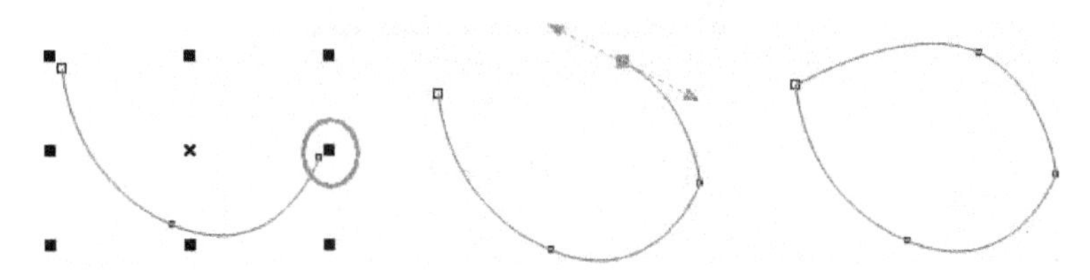

图 2-35 绘制曲线并闭合路径

保持选择“钢笔工具”的状态，如果在曲线上单击，则可以添加一个节点，如果单击曲线上的任意一个节点，则可以删除节点，曲线形状就会发生改变。

2）闭合和断开曲线

选择绘制的曲线，然后找到工具箱中的“形状工具” ，在曲线上任意位置单击，会出现如图 2-36 左图中显示的效果。然后在属性栏中单击“断开曲线”按钮 ，再单击曲线，则该曲线就在单击的位置断开了。单击并拖动图中三角形点，就可以把闭合的曲线拖动成一个开口的曲线，效果如图 2-36 所示。

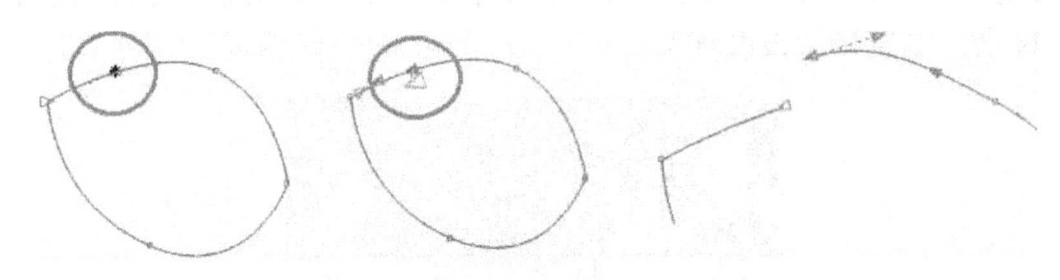

图 2-36 闭合和断开曲线的操作

2. 涂抹笔刷

使用涂抹工具可以在原图的基础上添加或删减区域，如果笔刷的中心点在图形的外部，则删减图形区域，效果如图 2-37 所示；如果笔刷的中心点在图形的内部，则添加图形区域，效果如图 2-38 所示。在其属性栏中可以对涂抹笔刷的笔尖大小、笔压、水分浓度、笔斜移和笔方位等参数进行设置。

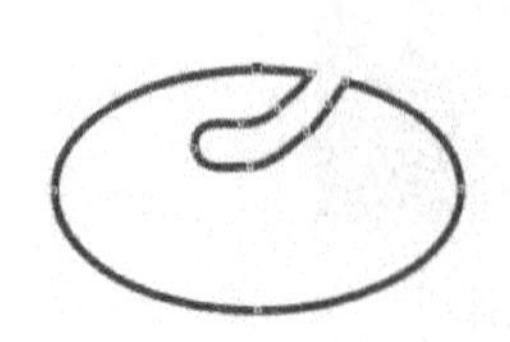

图 2-37 由外向内绘制

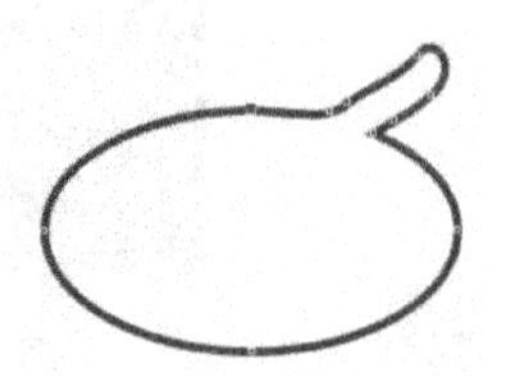

图 2-38 由内向外绘制

3. 粗糙笔刷

利用粗糙笔刷可以使平滑的线条变得粗糙，单击工具箱中的“粗糙笔刷工具”按钮，按住鼠标左键在图形上进行拖动，即可更改曲线形状。效果如图 2-39 所示，椭圆的边缘利用“粗糙笔刷工具”制作出了粗糙的效果。

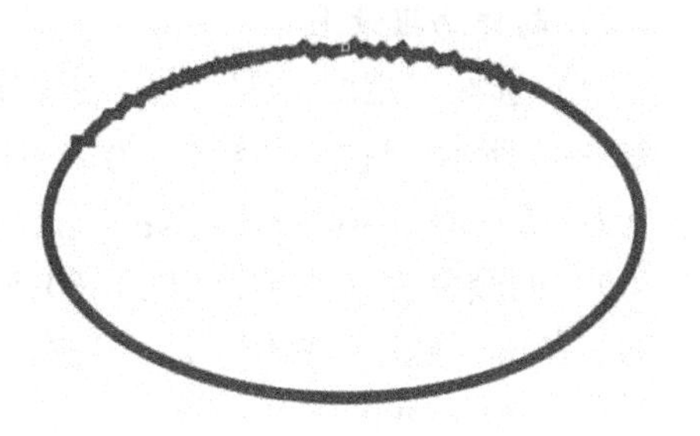

图 2-39 使用“粗糙笔刷工具”的效果

2.2.2 制作宣传海报的步骤

1. 设计思路

宣传海报设计必然有着独特的版式。海报版式设计由图形、色彩、文字三大编排元素组成，图文编辑在海报设计中尤为重要，它是海报设计语言、设计风格的重要体现。

对于设计师来说，宣传海报设计绝对是一件激动人心的事情，因为海报的表现形式多种多样，题材广阔，限制较少，强调创意及视觉语言，点线面、图片和文字可以灵活地配合应用，而且也注重平面构成及颜色构成。可以说，海报设计是平面设计的集大成者。

2. 技术剖析

该案例中，主要是运用 CorelDRAW X6 软件中的“贝塞尔工具”和“文本工具”制作宣传海报，使用“渐变填充”工具为宣传海报制作背景效果，使用“矩形工具”和“艺术笔工具”来进行整个版面文字排版。效果如图 2-40 所示。

图 2-40 宣传海报设计最终完成效果

3. 操作步骤

1）创建新文档并保存

（1）启动 CorelDRAW X6 后，新建一个文档，默认纸张大小为 A4。

（2）单击页面左上方的“文件”按钮，在下拉菜单中选择“另存为”命令，以“宣传海报”为文件名保存。

2）制作海报效果

（1）选择“矩形工具”，在工作区里绘制 A4 大小的矩形。打开“渐变填充”对话框，如图 2-41 所示。选择“类型”为“线性”，设置“颜色调和”为“自定义”，位置“(0)”的颜色为（C:100,M:0,Y:100,K:0）、位置“(25)”的颜色为（C:40,M:0,Y:20,K:60）、位置“(63)”的颜色为（C:60,M:0,Y:60,K:20）、位置“(100)”的颜色为（C:100,M:0,Y:100,K:0），单击“确定”按钮。最后去掉轮廓线，渐变填充效果如图 2-42 所示。

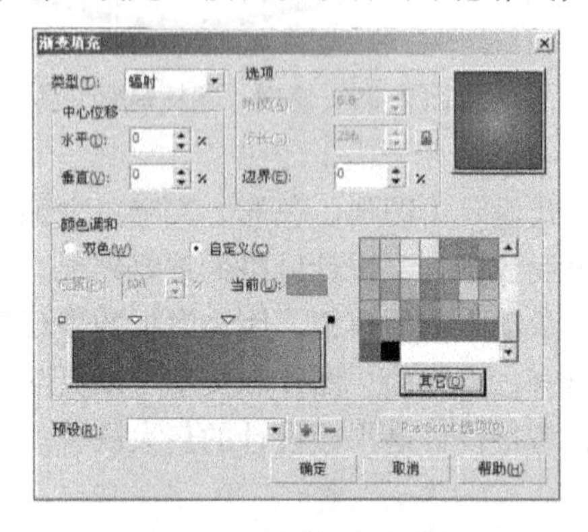

图 2-41　设置渐变填充

图 2-42　渐变填充效果

（2）使用“折线工具”绘制叶子效果。单击“填充工具”中的“均匀填充”按钮，设置颜色为（C:100,M:0,Y:100,K:0），效果如图 2-43 所示。接着绘制叶子的细节部分，单击“填充工具”中“均匀填充”按钮，设置颜色为（C:100,M:30,Y:100,K:0）、（C:50,M:0,Y:80,K:0），效果如图 2-44 所示。

图 2-43　设置树叶效果图

图 2-44　设置树叶细节效果

（3）选择“文本工具”，输入文字“merry”，设置文字的字体为“westwood LET”、字号为“160 pt”，填充颜色为（C:0,M:0,Y:100,K:30）；输入文字“christmas”，设置文字的字体为“westwood LET”、字号为“90 pt”、填充颜色为（C:0,M:0,Y:100,K:30），文字的最终效果如图 2-45 所示。

图 2-45　设置文字

3）制作麋鹿图案

（1）选择“贝塞尔工具”绘制路径，如图 2-46 所示，并填充颜色，选择“填充工具”，设置颜色为（C:0,M:100,Y:100,K:70），效果如图 2-47 所示。

图 2-46　绘制路径图

图 2-47　填充颜色

（2）选择“贝塞尔工具” 绘制路径，如图 2-48 所示，并填充颜色，选择“填充工具” ，设置颜色为（C:0,M:50,Y:90,K:10），填充麋鹿身上的颜色；设置颜色为（C:0,M:50,Y:90,K:30），填充麋鹿尾巴上的颜色，效果如图 2-49 所示。

图 2-48　绘制路径图

图 2-49　填充颜色

（3）绘制麋鹿的眼睛，选择“椭圆工具” ，在工作区里绘制两个圆形作为眼睛，打开“均匀填充”对话框，设置颜色为（C:0,M:0,Y:0,K:0），继续绘制两个圆形作为眼珠，打开“均匀填充”对话框，设置颜色为（C:0,M:0,Y:0,K:100）。接下来完成嘴巴的设计效果，选择“贝塞尔工具” 绘制路径，并填充颜色，选择“填充工具” ，设置颜色为（C:0,M:0,Y:0,K:100）、（C:0,M:100,Y:100,K:0），填充效果如图 2-50 所示。麋鹿绘制完成后，将其选中右键设置群组。

（4）选择麋鹿，按下〈Ctrl + C〉、〈Ctrl + V〉组合键，原位复制一张图片，调整位置，效果如图 2-51 所示。

图 2-50　填充效果

图 2-51　复制麋鹿

（5）绘制雪人头部。选择“椭圆工具”，绘制一个正圆作为雪人头部，填充颜色为（C:0,M:0,Y:0,K:0）。再绘制两个小圆作为雪人的眼睛，选择“填充工具”，设置颜色为（C:60,M:0,Y:20,K:20），效果如图2-52所示，填充颜色为蓝色。选择“贝塞尔工具”，继续绘制眼睛部分，方法如上，设置填充颜色为（C:0,M:0,Y:0,K:0）、（C:0,M:0,Y:0,K:100），效果如图2-53所示。

图2-52　填充雪人眼睛效果

图2-53　填充雪人眼珠效果

（6）继续来绘制雪人的嘴巴及装饰，选择“贝塞尔工具”绘制路径，选择“填充工具”，设置颜色为（C:0,M:0,Y:0,K:100）、（C:0,M:100,Y:100,K:0），填充嘴巴及舌头的颜色。选择“贝塞尔工具”绘制路径，选择“填充工具”，设置颜色为（C:20,M:0,Y:0,K:15），绘制装饰线颜色，效果如图2-54所示。

（7）使用“折线工具”绘制鼻子。单击“填充工具”中的“均匀填充”按钮，设置颜色为（C:0,M:100,Y:100,K:0），接着绘制鼻子的细节部分，单击“填充工具”中“均匀填充”按钮，设置颜色为（C:20,M:100,Y:100,K:0），效果如图2-55所示。

图2-54　设置雪人头部效果

图2-55　填充雪人鼻子

（8）继续选择“贝塞尔工具”绘制雪人身体部分路径，选择“填充工具”，设置颜色为（C:0,M:0,Y:0,K:0）、（C:20,M:0,Y:0,K:15），为身体填充颜色，以及绘制腿和脚的部分，如图2-56所示。

（9）选择雪人，按下〈Ctrl + C〉、〈Ctrl + V〉组合键，原位复制一张图片，调整位置及大小，效果如图2-57所示。

图 2-56　完成雪人制作

图 2-57　复制雪人

（10）选择“艺术笔工具”，在选项栏上单击“喷涂”按钮，在喷涂下拉列表中选择，参数设置如图 2-58 所示。

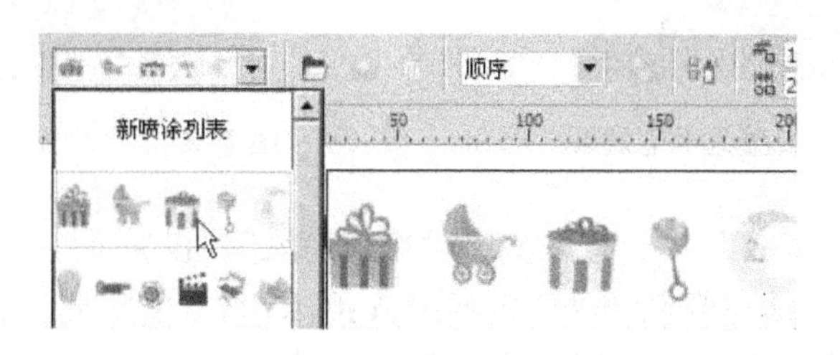

图 2-58　设置艺术笔参数

（11）在画面中拖出如图 2-59 所示的效果。

（12）在艺术笔图形上单击鼠标右键，在弹出的快捷菜单中选择“拆分艺术笔效果”命令，再次在艺术笔图形上单击鼠标右键，在弹出的菜单中选择“取消全部群组”命令，选择图形，调整大小、角度后放置在如图 2-60 所示位置。

图 2-59　艺术笔绘制出的图形

图 2-60　拆分艺术笔图形

（13）同样使用“艺术笔工具”，在选项栏上单击“喷涂”按钮，在喷涂下拉列表中选择及，拖出画笔，在艺术笔图形上单击鼠标右键，在弹出的快捷菜单中选择“拆分艺术笔效果”命令，再次在艺术笔图形上单击鼠标右键，在弹出的菜单中选择“取消全部群组”命令，选择图形，调整大小、角度后放置在如图 2-61 所示的位置。

（14）导入第 2 章\案例 2\素材文件夹中的“圣诞老人”，调整到合适的大小后放置在如图 2-62 所示的位置。

图 2-61　设置艺术笔效果

图 2-62　导入圣诞老人素材

（15）选择“文本工具”，输入文字“微风商城”，设置文字的字体为“方正综艺简体”、字号为“72 pt”、填充颜色为（C:0,M:0,Y:0,K:0），文字最终效果如图 2-63 所示。

（16）使用“折线工具”绘制斜块。单击“填充工具”中的“均匀填充”按钮，设置颜色为（C:30,M:100,Y:100,K:0），选择“矩形工具”，绘制长方形。单击“填充工具”中的“均匀填充”按钮，设置颜色为（C:0,M:100,Y:100,K:0），填充红色色块。选择“矩形工具”，绘制两个长条。单击“填充工具”中的“均匀填充”按钮，设置颜色为（C:0,M:20,Y:60,K:20），效果如图 2-64 所示。

图 2-63　设置文字

图 2-64　填充颜色

（17）导入第 2 章\案例 2\素材文件夹中的“标志”，调整好合适的大小后放置在如图 2-72 所示的位置，最终效果如图 2-65 所示。

图 2-65　宣传海报最后效果

2.3　任务 3：公益广告

公益广告属于非商业性广告，具有非常特殊的性质，公益广告设计的主题具有社会性，它取材于老百姓日常生活中的感悟和希望，运用创意独特、内涵深刻、艺术制作等广告手段来正确地引导社会公众，使社会大众向更好的方面发展。公益广告的诉求对象是最广泛的，它是面向全体社会公众的一种信息传播方式。本节将主要运用 CorelDRAW X6 软件制作公益广告，如图 2-66 所示。

图 2-66　公益海报

2.3.1　裁切工具

使用裁切工具可以修改图像的外形，包括“裁剪工具”“刻刀工具”“橡皮擦工具”和“虚拟段删除工具”4 大类。通过不同工具的使用，来完成更为理想的作品。

1. 裁剪工具

“裁剪工具”可以应用于位图或矢量图，可以通过它将图形中需要的部分保留，而将不需要的部分删除。

（1）单击工具箱中的“裁剪工具”按钮，在图像中按住鼠标左键拖动，调整至合适的大小后释放鼠标，如图2-67和图2-68所示。

图2-67　原图

图2-68　设置裁剪区域

（2）将光标放在裁剪框边缘，可以改变裁剪框的大小，在裁剪框内单击，可以自由调节裁剪角度，再次单击将返回继续进行大小的调节，如图2-69和图2-70所示。

图2-69　设置裁剪角度

图2-70　裁剪后效果

（3）若想重新拖动选区，或放弃裁剪，可单击属性栏中的 清除裁剪选取框 按钮。确定选区后双击该裁剪框或按〈Enter〉键，即可裁剪掉多余部分。

2. 刻刀工具

“刻刀工具”用于将一个对象分割为两个以上独立的对象。

（1）单击工具箱中的“刻刀工具”按钮，将光标移到路径上，当其变为垂直状态时，表示可用。

（2）单击节点，再单击所要切割的另一个节点，即可将其切开。

（3）单击“刻刀工具”属性栏中的“保留为一个对象”按钮，在进行切割时，会保留一般的图像。

（4）单击“刻刀工具”属性栏中的“剪切时自动闭合”按钮，在进行切割时，可以自动将路径转换为闭合状态。

3. 橡皮擦工具

虽然名为“橡皮擦”，但是该工具并不能真正地擦除图像，而是在擦除对象后，自动闭合受到影响的路径，并使该对象自动转换为曲线对象。“橡皮擦工具”可擦除线条、形体和位图等对象。

（1）单击工具箱中的“手绘工具”或“贝塞尔工具”按钮，在工作区随意绘制一条曲线，如图 2-71 所示。

（2）单击工具箱中的“橡皮擦工具”按钮，将光标移至曲线的一侧，按住鼠标左键拖动到另一侧，释放鼠标后曲线即被分成两条线段，如图 2-72 所示。

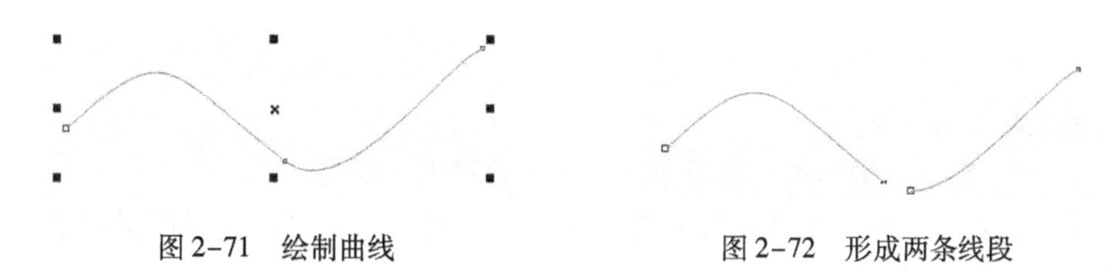

图 2-71　绘制曲线　　图 2-72　形成两条线段

4. 虚拟段删除工具

使用虚拟段删除工具可以快速删除虚拟段，减少了删除相交线段时，所需添加的节点、分割及删除节点等复杂的操作。

2.3.2　度量工具

尺寸标注是工程绘图中必不可少的一部分，利用提供的度量工具组可以确定图形的度量线长度，便于图形的制作。它不仅可以显示对象的长度、宽度，还可以显示对象之间的距离。

1. 平行度量工具

（1）选择要度量的图形，单击工具箱中的“平行度量工具”按钮，在图像中按住鼠标左键拖动，调整至合适的大小后释放鼠标，如图 2-73 所示。

（2）释放鼠标，向侧面拖动，再次释放鼠标，如图 2-74 所示。

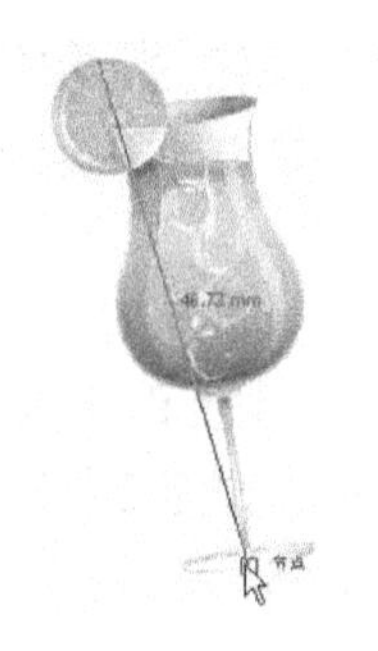

图 2-73　进行度量

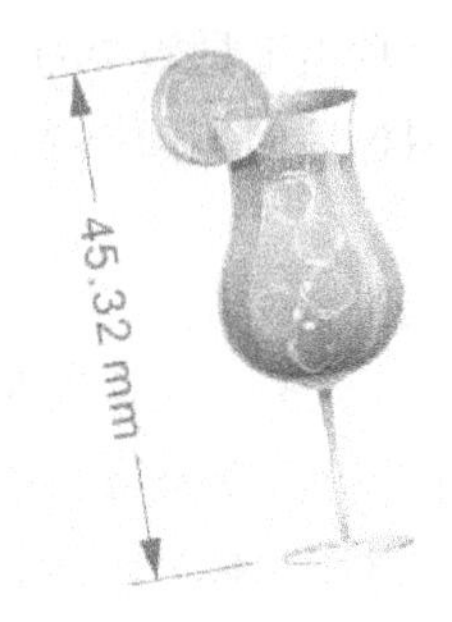

图 2-74　度量效果

2. 水平或垂直度量工具

（1）选择要度量的图形，单击工具箱中的“水平或垂直度量工具”按钮，在图像中按住鼠标左键选择度量起点，并拖动到度量终点，如图 2-75 所示。

（2）释放鼠标，向侧面拖动，单击以定位另一个节点，此时出现度量效果，如图 2-76 所示。

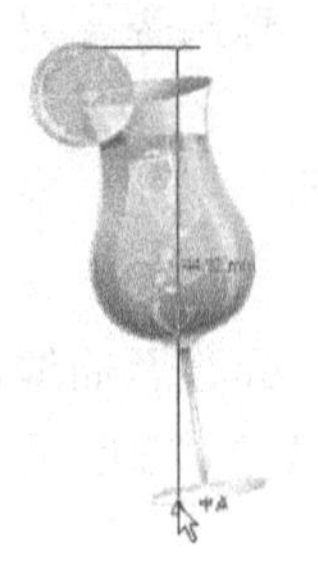

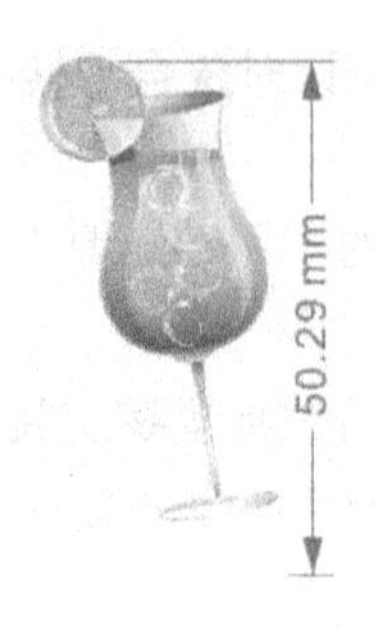

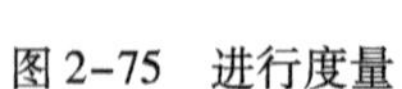

图 2-75　进行度量　　　　图 2-76　度量效果

3. 角度度量工具

“角度度量工具”度量的是对象的角度，而不是对象的距离。

（1）单击工具箱中的“角度度量工具”按钮，按住鼠标左键选择度量起点，并拖动一定长度，如图 2-77 所示。

（2）释放鼠标，选择度量角度的另一侧，单击以定位节点，再次移动光标定位度量角度而产生的饼形直径，如图 2-78 所示。

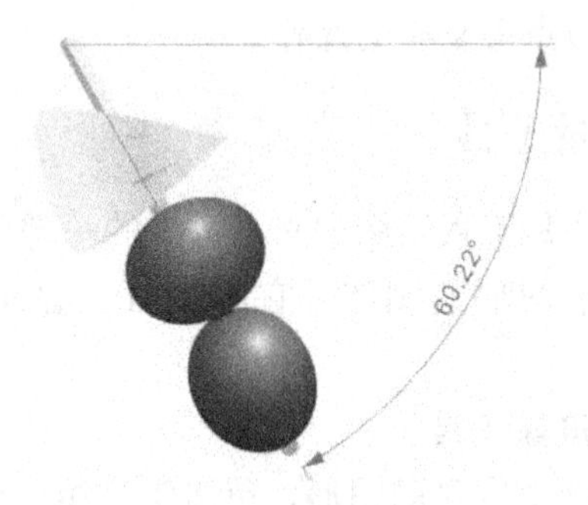

图 2-77　进行度量　　　　图 2-78　度量效果

4. 线段度量工具

选择要度量的图形，单击工具箱中的“线段度量工具”按钮，按住鼠标左键选择度量对象的宽度和长度，释放鼠标后向侧面拖拽，再次释放鼠标，单击即可得到度量结果，如图 2-71 所示。

5. 3 点标注度量工具

（1）单击工具箱中的“3 点标注度量工具”按钮，在工作区内单击以确定放置箭头的位置，然后按住鼠标左键拖动至第一条线段的结束位置，如图 2-79 所示。

（2）释放鼠标，可以在光标处输入标注文字，如图 2-80 所示。

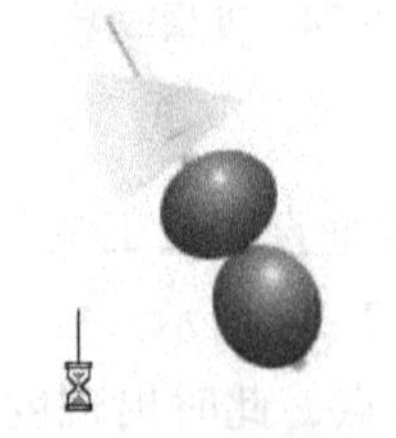

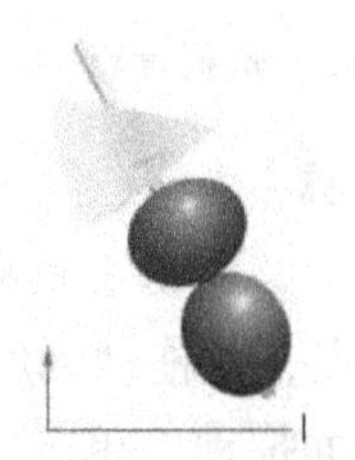

图 2-79　进行度量　　　　图 2-80　输入度量标注文字

2.3.3 公益广告制作

1. 设计思路

公益广告的制作主题一定要明确，言简意赅，既要让人对画面印象深刻，又能直击要害。公益广告的制作更多的是考验设计者的创意思维，通过独特的创意来清晰、明确地表达主题。这幅公益广告，通过人们日常生活中常用的“方便筷”与线条绘制出的“树冠”，制作出“森林”的效果，通过这样一幅画面，来提醒我们：生活中的某些小小举动，会对大自然造成可怕的、灾难性的破坏。

2. 技术剖析

该案例中，主要运用 CorelDRAW X6 软件中的“贝塞尔工具”“形状工具”“轮廓笔工具”绘制“树冠”的造型，再将导入的素材与“树冠”组合成一个特别的树。将这个“树”进行复制，制作出“森林”效果。最后输入文字，突出该公益广告表达的主题，如图 2-81 所示。

图 2-81 实例 3 公益广告最终完成效果

3. 操作步骤

1）创建新文档并保存

（1）启动 CorelDRAW X6 后，新建一个文档，默认纸张大小为 A4。

（2）单击页面左上方的“文件”按钮，在下拉菜单中选择“另存为”命令，以“公益广告”为文件名保存。

2）绘制树形

（1）在工具箱中，双击“矩形工具”，得到一个和纸张大小一样的矩形。将矩形填充为黑色（C:100,M:100,Y:100,K:100)，效果如图 2-82 所示。

（2）选择“贝塞尔工具”，在画面中创建直线线段，如图 2-83 所示。

图 2-82 填充黑色背景

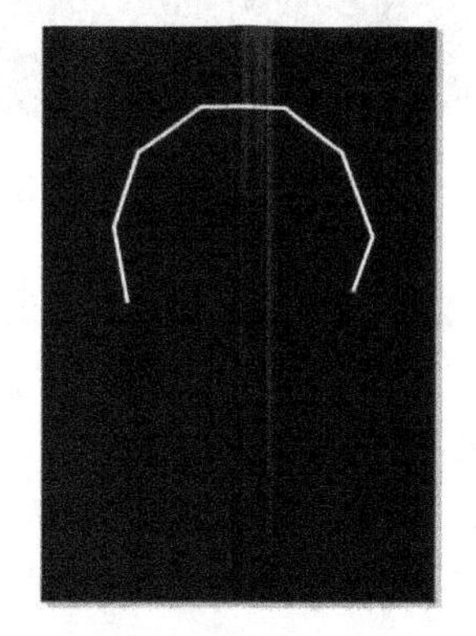

图 2-83 绘制树冠的直线线条

（3）选择“形状工具”，将鼠标移动到其中的一条直线段上，单击鼠标右键，在弹出的快捷菜单中选择“到曲线”命令，将直线转换为曲线，并将直线调整为弧线状，如

图 2-84 所示。运用同样的方法，将所有的直线都转换为曲线，并调整形状如图 2-85 所示。

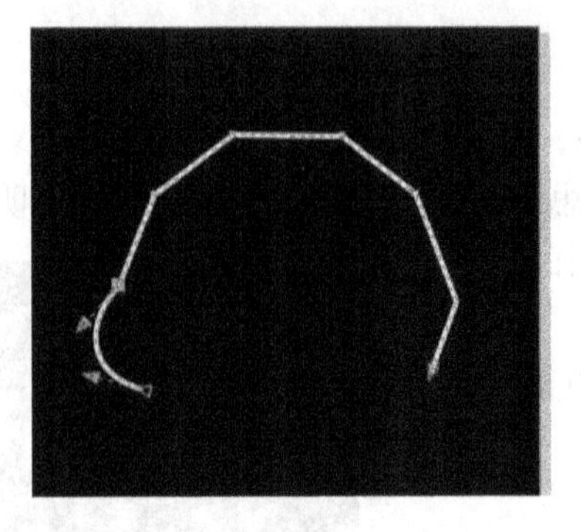
图 2-84　调整成弧线状

图 2-85　调整后的树冠

（4）选择“轮廓笔工具”，设置轮廓色为绿色（C:62,M:0,Y:91,K:0）、粗细为“5 mm”，效果如图 2-86 所示。

3）导入素材，制作“森林”

（1）打开第 2 章\案例 3\素材文件夹，导入“方便筷 . psd”，将素材导入到画面中。调整大小后，放置在如图 2-87 所示的位置，将“方便筷”与“树冠”群组起来。

图 2-86　绘制好的树冠

图 2-87　绘制好的“树”

（2）选中这棵“树”，缩小到合适大小。按下〈Ctrl〉键，水平移动或垂直移动的同时复制出更多的“树”，效果如图 2-88 所示。

4）输入文字

（1）选择“文本工具”，输入文字“用掉的不仅仅是筷子！”设置字体为“黑体”、大小为“42 pt”、颜色为白色。放置在画面底端位置，如图 2-89 所示。

（2）继续选择“文本工具”，输入如图 2-90 所示的文字内容。设置字体为“华文中宋”、大小为“16 pt”、颜色为白色。

（3）单击属性栏中的图标，设置文字的对齐方式为“居中”，选择“形状工具”，将文字的行间距调大。效果如图 2-91 所示。

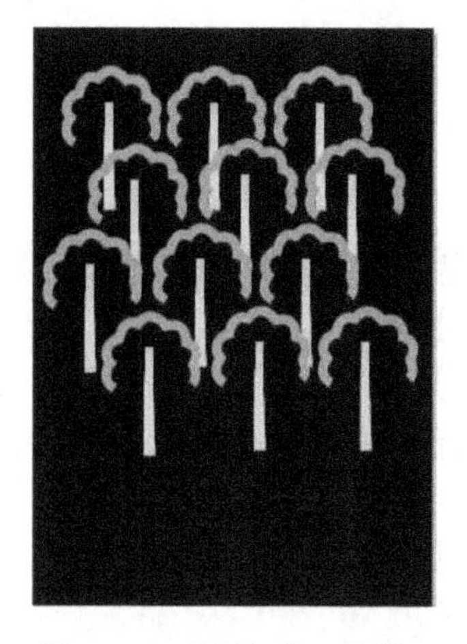

图 2-88　绘制好的“森林”

图 2-89　输入文字

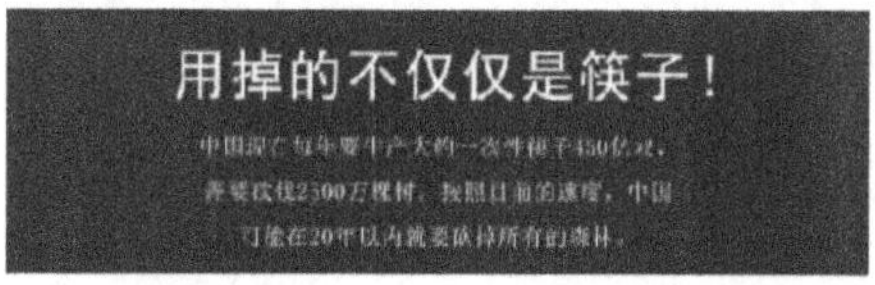

图 2-90　输入文字的内容

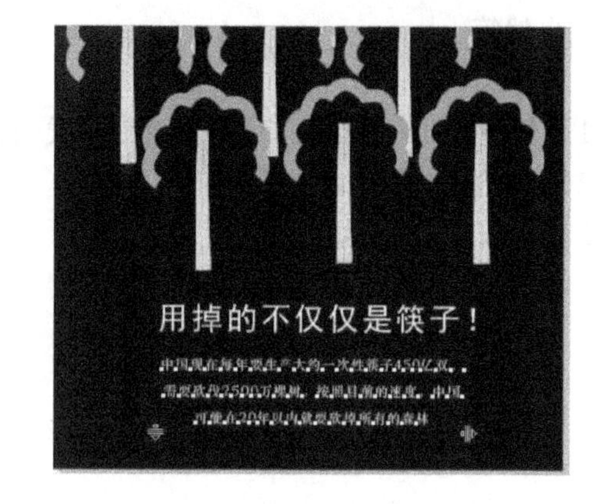

图 2-91　调整文字的行间距

5）生成最终效果

（1）观察画面的整体效果，进行细微的调节。

（2）选择“文件”下菜单中的“保存”命令，即可完成“公益广告”的制作。“公益广告”的最终效果如图 2-92 所示。

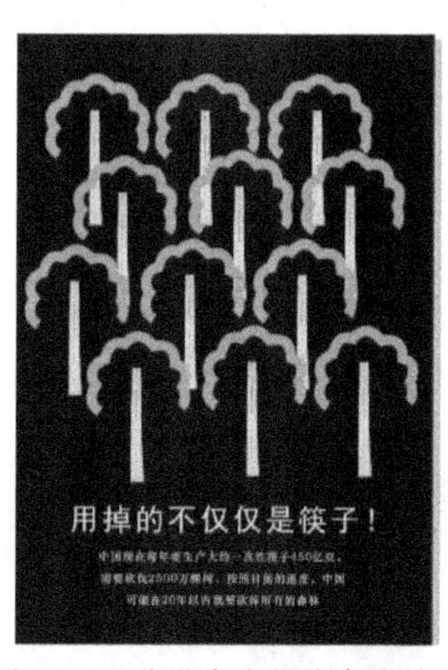

图 2-92　公益广告最终完成效果

2.4 习题

1. 选择题

(1) 能够断开路径并将对象转为曲线的工具是________。

A. 节点编辑工具　　B. 擦除工具

C. 刻刀工具　　D. 贝塞尔工具

(2) 在选择曲线对象时，按〈Ctrl + Shift〉组合键可选择________节点。

A. 单个　　B. 多个

C. 部分　　D. 所有

(3) 用________工具可以产生连续光滑的曲线。

A. 手绘　　B. 贝塞尔

C. 自然笔　　D. 压力笔

2. 简答题

(1) 简述使用“贝塞尔工具”绘制曲线的方法。

(2) 简述在曲线上添加节点的方法。

(3) 如何使用“拆分艺术笔工具”?

项目3　填充与轮廓线

本项目要点：

- 熟练掌握“填充工具”的基本操作。
- 熟练掌握“滴管工具”的使用。
- 熟练掌握“轮廓线工具”的使用。
- 了解图像色彩填充及轮廓线调整的方法和思路。

3.1　任务1：制作大红灯笼

中国灯笼又统称为灯彩，是一种古老的传统工艺品，起源于1800多年前的西汉时期，每年的农历正月十五元宵节前后，人们都挂起象征团圆意义的红灯笼，来营造一种喜庆的氛围。后来灯笼就成了中国人喜庆的象征。本节将主要运用CorelDRAW X6软件中的“贝塞尔工具”和“椭圆工具”绘制如图3-1所示的大红灯笼。

图3-1　大红灯笼

3.1.1　填充工具

1. 调色板的应用

调色板是最常用的颜色组件，调色板一般显示在CorelDRAW窗口的右侧。调色板每次可显示30种色块，单击其中的上、下移动按钮，可以滚动其中未显示出来的色块。当鼠标指针放在调色板的色块上时，会显示颜色名称。CorelDRAW提供了多达18种调色板，系统默认的调色板为CMYK模式调色板，如图3-2所示，也可以通过“窗口”→“调色板”命令来调出相应的调色板，如图3-3所示。

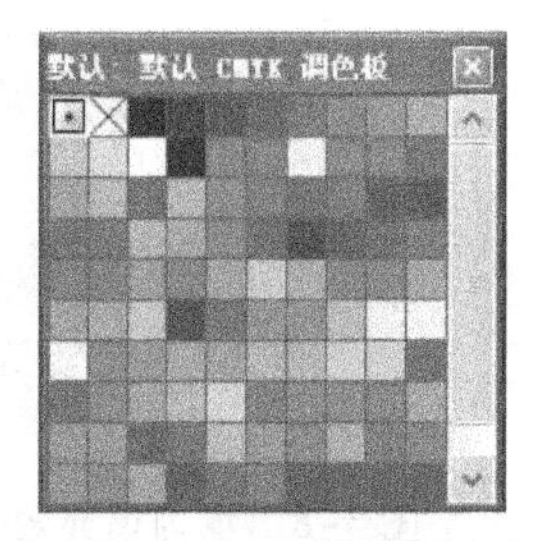

图3-2　CMYK模式调色板

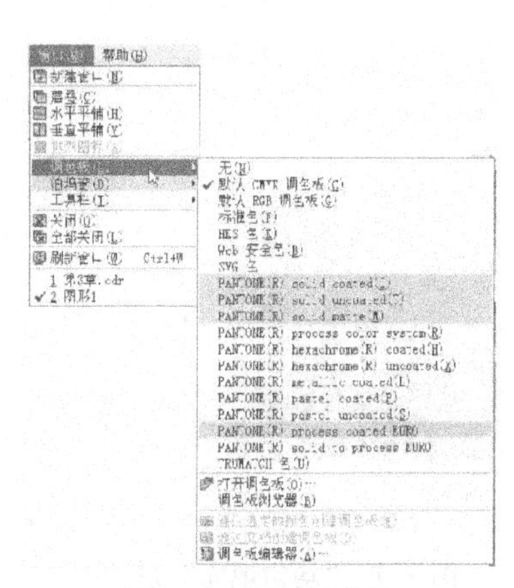

图3-3　调色板菜单

2. 填充工具

在 CorelDRAW 中，填充的内容可以是单一的颜色、渐变的颜色，也可以是图样和底纹。填充方式主要有“均匀填充”、“渐变填充”、“图样填充”、“底纹填充”和“PostScript 填充”，这些填充按钮均隐藏在“填充工具”的工具条中。在工具箱中，用单击“填充工具”可以在展开的如图 3-4 所示的填充工具条中选择填充的样式。

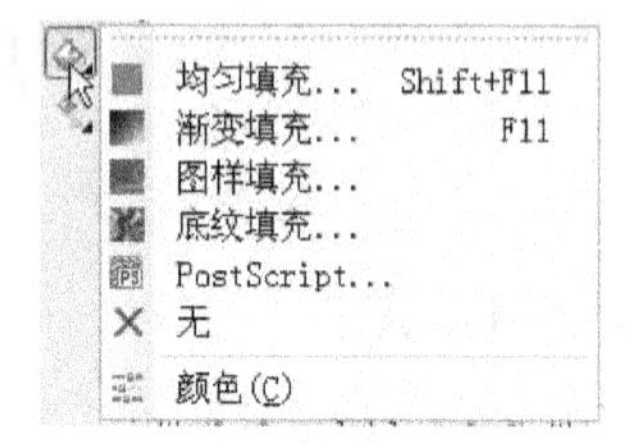

图 3-4 填充工具

1）均匀填充

均匀填充也就是用单色进行填充，可用 3 种方法进行填充。

（1）使用调色板填充颜色。选中要填充的图形对象，在 CorelDRAW 窗口右侧的调色板上单击颜色块，会为图形内部进行填充。调色板每次可显示 30 种色块，单击按钮，可以展开未显示的色块。系统默认的调色板为 CMYK 模式调色板。如图 3-5 所示。

（2）使用“颜色”泊坞窗对图形对象进行颜色填充。在工具箱中单击“填充工具”，选择“颜色”泊坞窗，在该窗口可以选择填充颜色。如图 2-6 所示。

（3）使用“均匀填充”对话框进行颜色填充。选取要填充的对象，单击“填充工具”，选择“均匀填充”，在此对话框中拖动小方框确定所选的颜色，如图 3-7 所示。也可以在文本框中直接输入 0～255 的数值来设置颜色。填充后效果如图 3-8 所示。

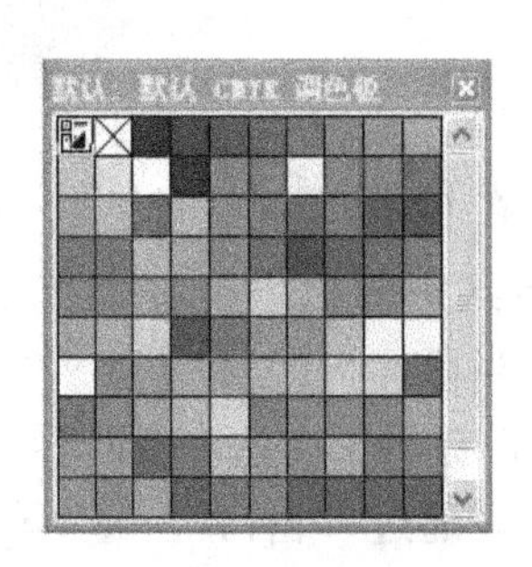

图 3-5 CMYK 模式调色板

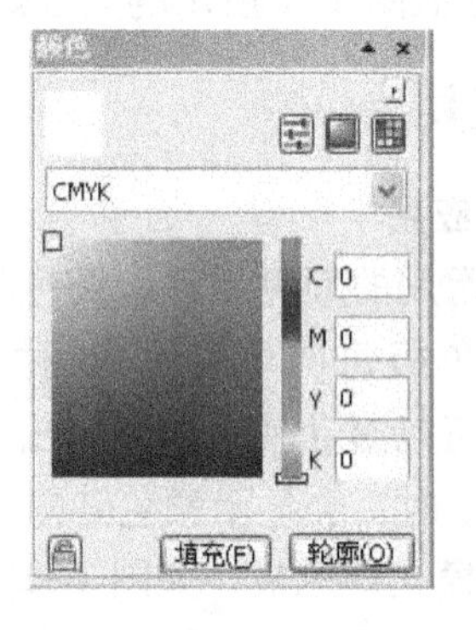

图 3-6 “颜色”泊坞窗

图 3-7 “均匀填充”对话框

图 3-8 均匀填充效果

2）渐变填充

渐变填充有线性、射线、圆锥和方形 4 种填充模式。每种模式下都有“双色”填充和“自定义”填充两种形式。在使用“渐变填充”时，填充色可以由一种颜色变化到另一种颜色。

（1）选取填充对象后，在工具箱中单击“填充工具”，在工具条中单击“渐变填充”，弹出“渐变填充”对话框，设置渐变式填充，如图 3-9 所示。

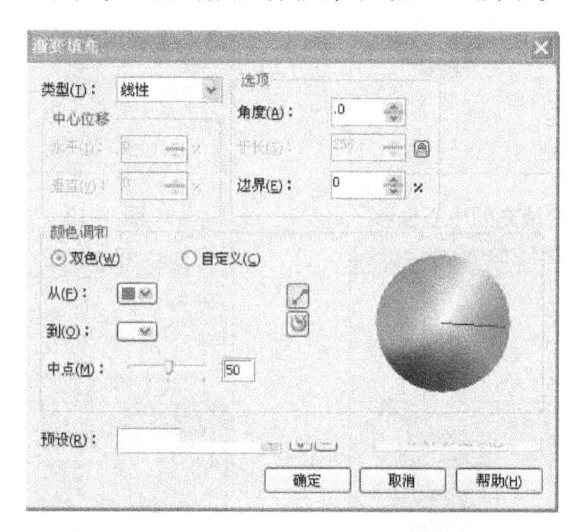

图 3-9 “渐变填充”对话框

（2）在“渐变填充”对话框里“类型”下拉列表中，选择渐变填充方式的类型，分别是“线性”“射线”“圆锥”和“方形”，几种渐变填充模式的效果如图 3-10 所示。

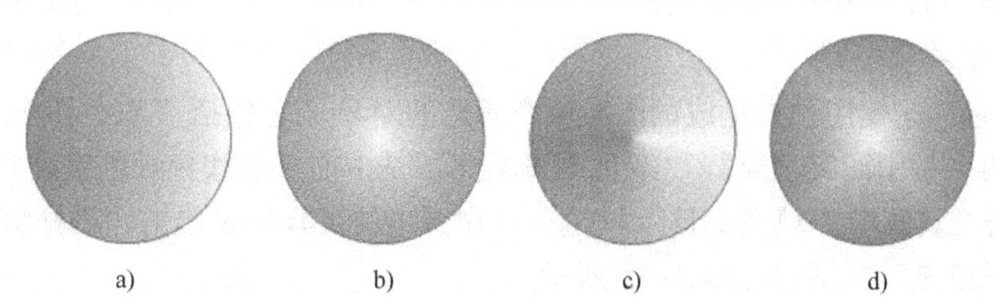

a) b) c) d)

图 3-10 几种渐变填充模式

a）线性模式 b）射线模式 c）圆锥模式 d）方形模式

（3）选择“射线”“圆锥”和“方形”的渐变式填充，可在“渐变填充”对话框的“中心位移”选项区域的“水平”和“垂直”数值框中设置渐变填充的中心位移值。也可在预览框中单击确定渐变填充的中心位移，如图 3-11 所示。

（4）在“渐变填充”对话框的“选项”选项区域中，可设置渐变填充的“角度”“步长”值及“边界”，改变渐变色的角度和颜色变化的梯度。颜色变化梯度越多，颜色变化越平滑，如图 3-12 所示。

（5）在“渐变填充”对话框的“颜色调和”选项区域中，可以设置“双色”和“自定义”两种填充形式。选中“双色”单选按钮，可以选择渐变式填充的起始颜色和结束颜色，调整“中点”滑块可以设置颜色变化的中点，如图 3-13 所示。选择“自定义”单选按钮，可以在起始颜色和结束颜色之间添加中间色，使颜色变化更丰富，如图 3-14 所示。

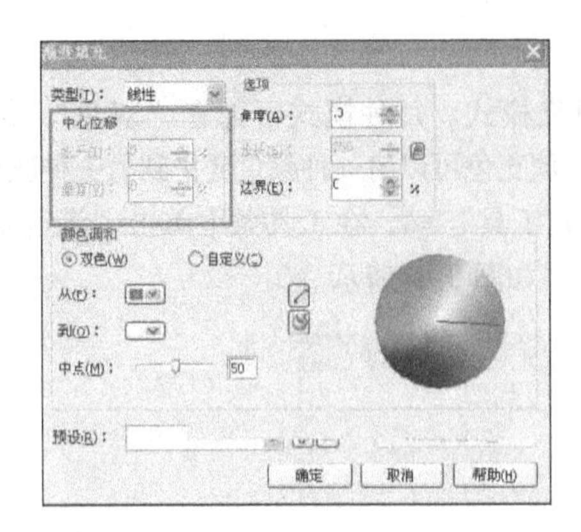

图 3–11　设置渐变填充的中心位移

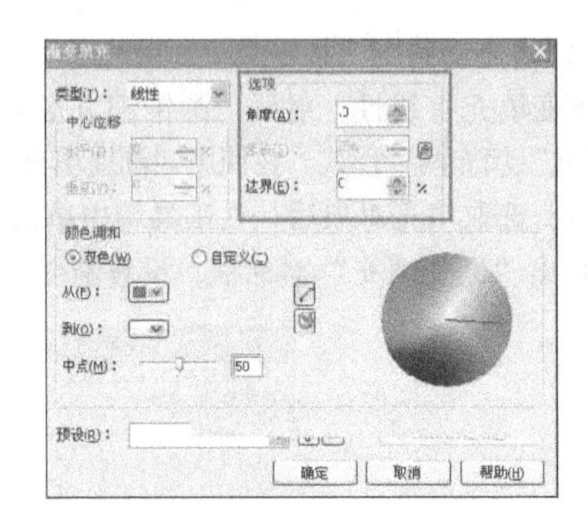

图 3–12　“选项”设置

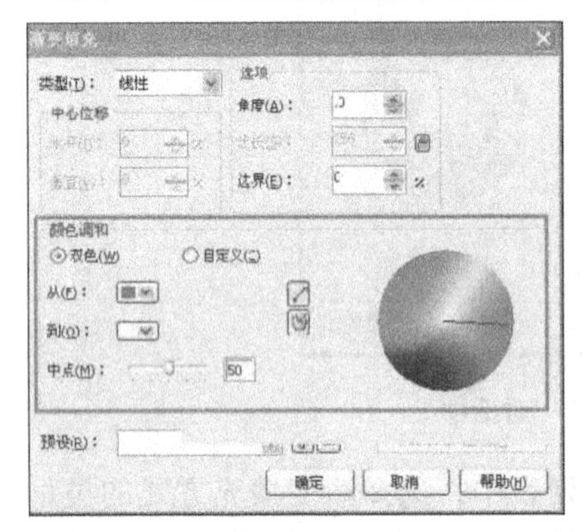

图 3–13　“双色”渐变填充

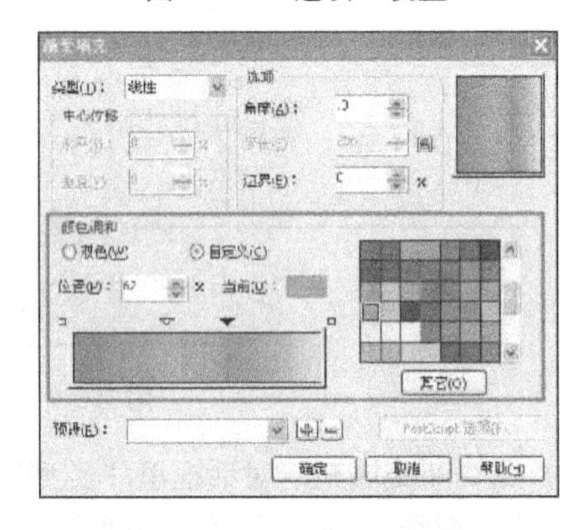

图 3–14　“自定义”渐变填充

3）图样填充

“图样填充”是使用预先生成的图案填充所选的对象。它包括“双色图案填充”“全色图案填充”和“位图图案填充”。“双色图案填充”是由前景色和背景色组成的简单图案。

（1）单击工具箱中“填充工具”按钮，在弹出的工具组中单击“图样填充”按钮，弹出的“图样填充”对话框如图 3–15 所示。

（2）在“图样填充”对话框中选择“双色”单选按钮，即可在双色图案下拉列表中选择填充图案。在“前部”和“后部”颜色下拉列表中，可以为双色图案设置前景色和背景色。如图 3–16 所示。

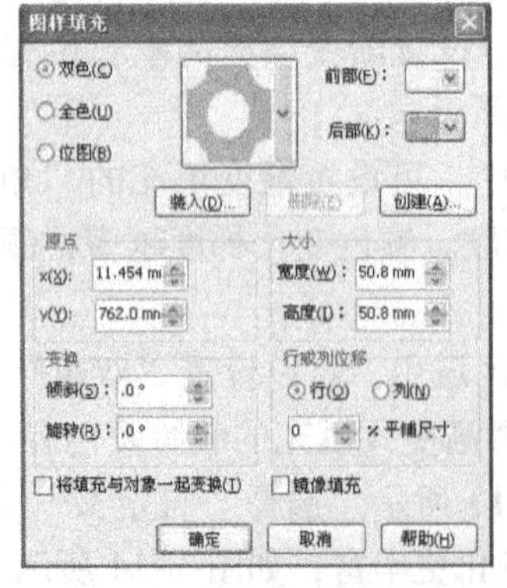

图 3–15　“填充图案”对话框

图 3–16　几种双色图案填充后的效果

（3）在“图样填充”对话框中选择“全色”单选按钮，即可在全色图案下拉列表中选择填充图案，如图 3-17 所示。

（4）在“图样填充”对话框中选择“位图”单选按钮，即可在位图图案下拉列表中选择填充图案，如图 3-18 所示。

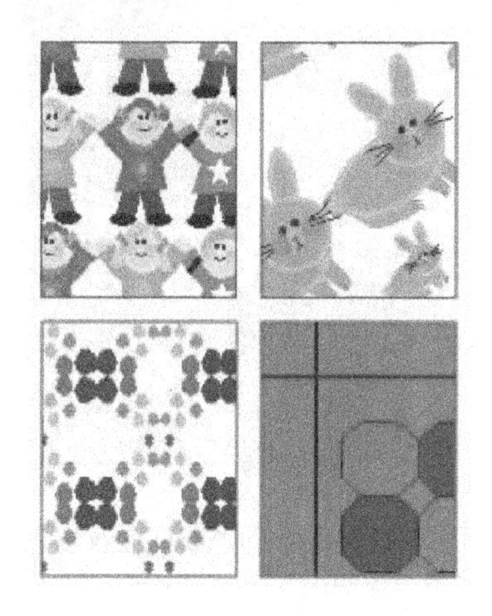

图 3-17　几种全色图案填充后的效果

图 3-18　几种位图图案填充后的效果

4）底纹填充

“底纹填充” 是以随机的小块位图作为对象的填充图案，它能逼真地再现天然材料的外观。

（1）选中要设置底纹填充的对象，单击工具箱中的“填充工具”按钮，在弹出的工具条中单击“底纹填充”按钮，弹出“底纹填充”对话框，如图 3-19 所示。在“底纹库”下拉列表框中有多个底纹库，每个底纹库中都包含若干底纹样式，如图 3-20 所示。

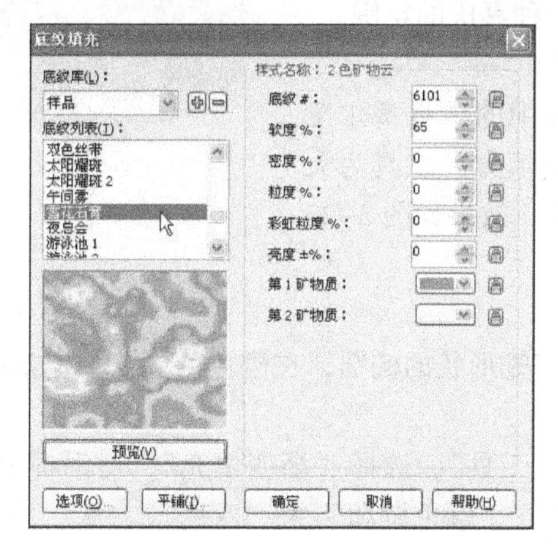

图 3-19　“底纹填充”对话框

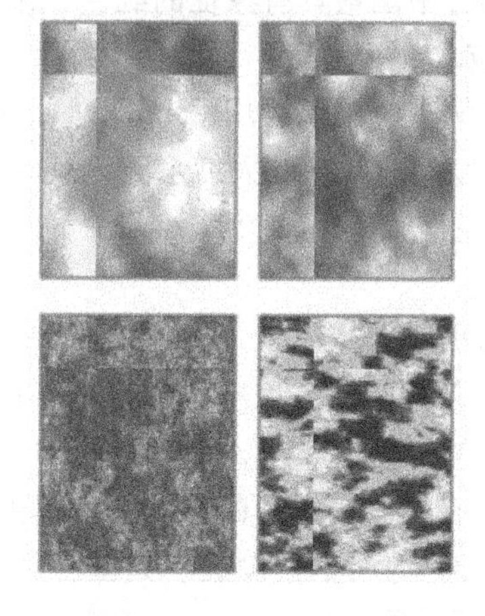

图 3-20　几种底纹填充效果

“PostScript 填充” 是用 PostScript 语言设计的一种特殊的底纹进行填充，打印和处理所需要的时间很长，占用的系统资源较多。

（2）选中要设置底纹填充的对象，单击工具箱中“填充工具”按钮，在弹出的工具条中单击“PostScript 填充”按钮，弹出“PostScript 底纹”对话框，如图 3-21 所示。在该对话框中，可在左上角的列表框中选择一种 PostScript 填充图案，选中“预览填充”复选框可以预览 PostScript 填充的效果。如图 3-22 所示。

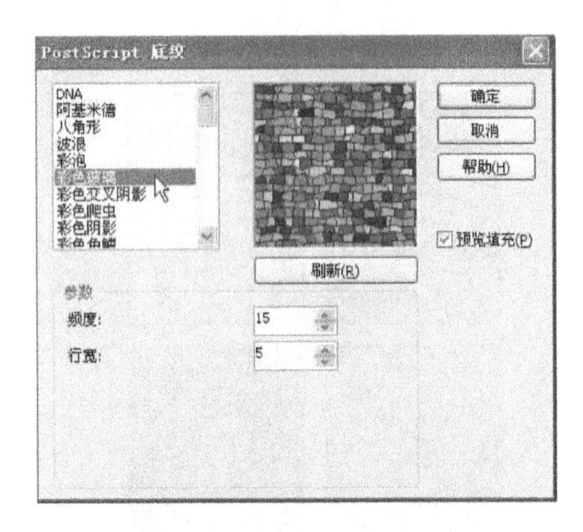

图 3-21 “PostScript 底纹”对话框

图 3-22 几种 PostScript 底纹填充效果

5）删除填充和填充纹样

删除填充色和删除填充纹样的方法如下：

用“挑选工具”选中将要删除填充色或删除填充纹样的图形对象，然后单击工作页面右方调色板上方的“⊠”图标，即可删除填充色或删除填充纹样。

3.1.2 大红灯笼的制作过程

1. 设计思路

大红灯笼有许多造型，本案例采用了最常见的椭圆形灯笼造型，结合中国最具有象征的红色，来营造一种喜庆的氛围。

2. 技术剖析

该案例中，主要运用 CorelDRAW X6 软件中的“贝塞尔工具”“椭圆工具”绘制大红灯笼，使用“渐变填充”工具为大红灯笼填色，使修剪命令来绘制灯笼上下两端。效果如图 3-23 所示。

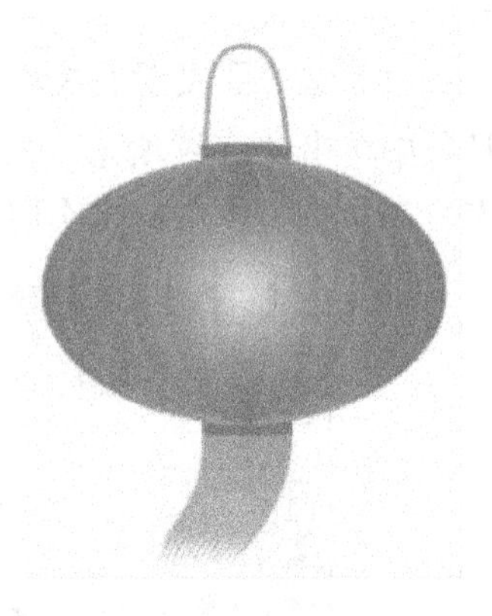

图 3-23 大红灯笼

3. 制作步骤

（1）新建文件，用“椭圆工具”画一个灯笼形状的椭圆，在橙色色块上单击鼠标右键，填充椭圆的线框，如图 3-24 所示。

（2）在椭圆被选择的情况下，单击“填充工具”，选择“渐变填充”，对话框中的参数设置如图 3-25 所示，设置“类型”为“辐射”、“颜色调和”为“双色”、“从”为红颜色、“到”为黄颜色。

（3）选择椭圆形，按住〈Shift〉键的同时左右缩放椭圆到合适的位置，同时单击鼠标右键进行复制（也可以用〈Ctrl + C〉、〈Ctrl + V〉组合键在原地复制粘贴一个，再调整椭圆大小），反复向中心位置复制几个椭圆形，就形成了灯笼主体效果，如图 3-26 所示。

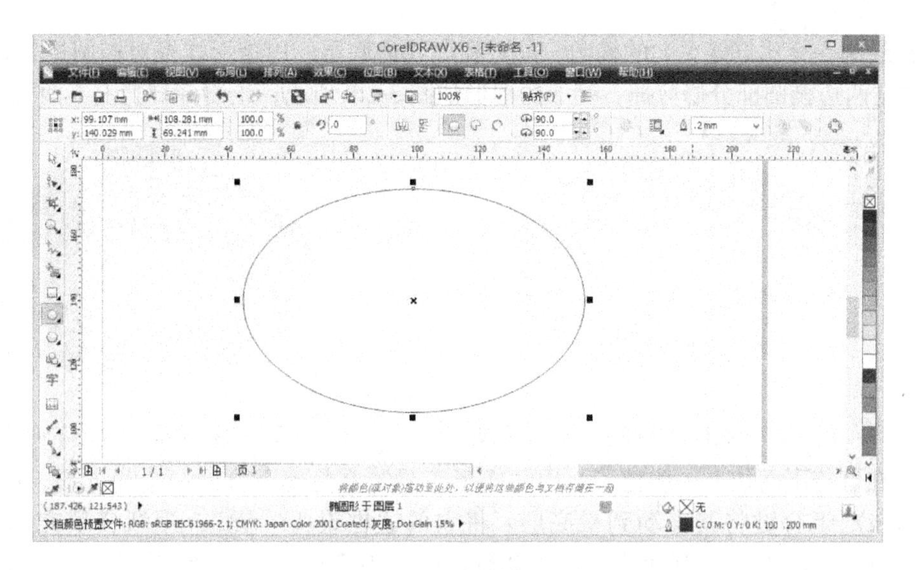

图 3-24　绘制椭圆形

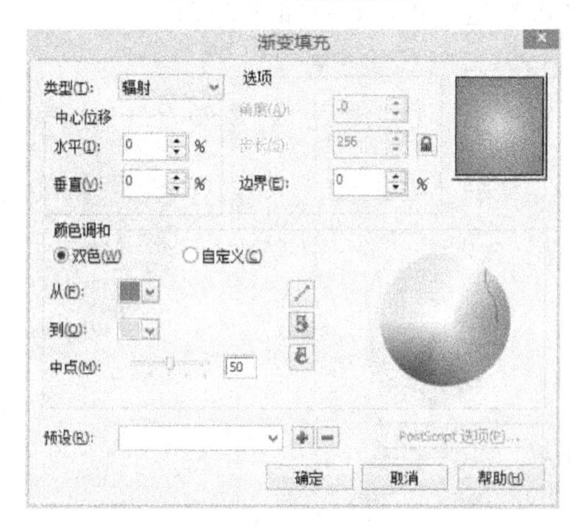

图 3-25　渐变填充

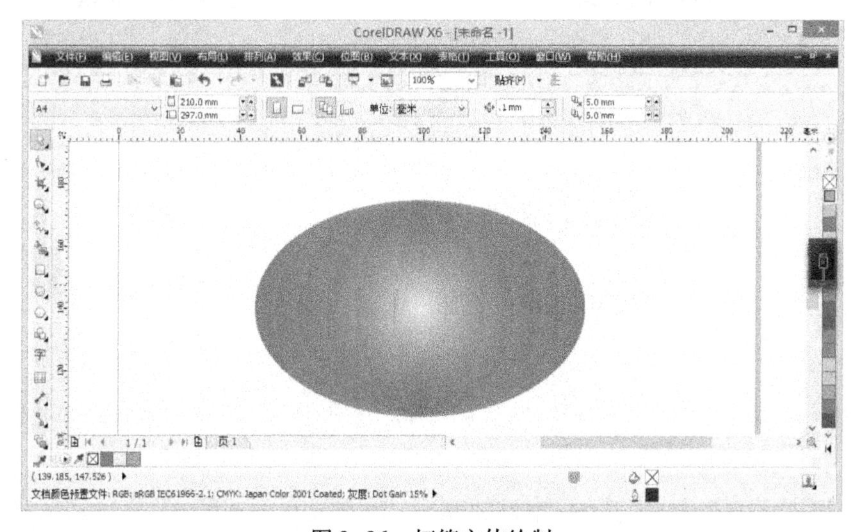

图 3-26　灯笼主体绘制

（4）绘制一个比灯笼更大的椭圆，放置到灯笼最底层，用矩形线框对椭圆进行排列/修剪，将左右两边椭圆部分修剪掉，剩下的图形如图 3-28 所示，绘制好灯笼上下两端。

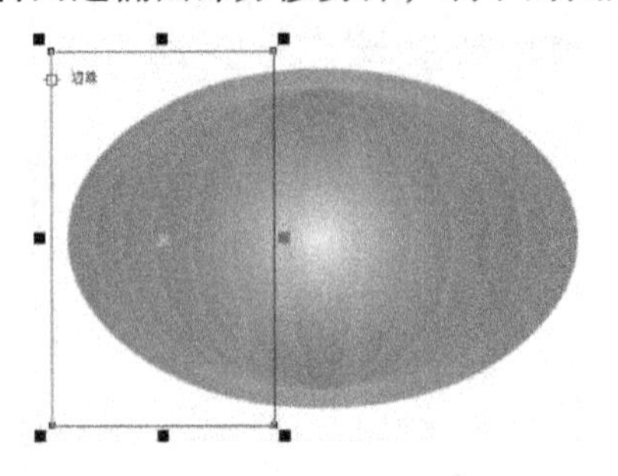

图 3-27　用矩形线框对椭圆进行排列/修剪

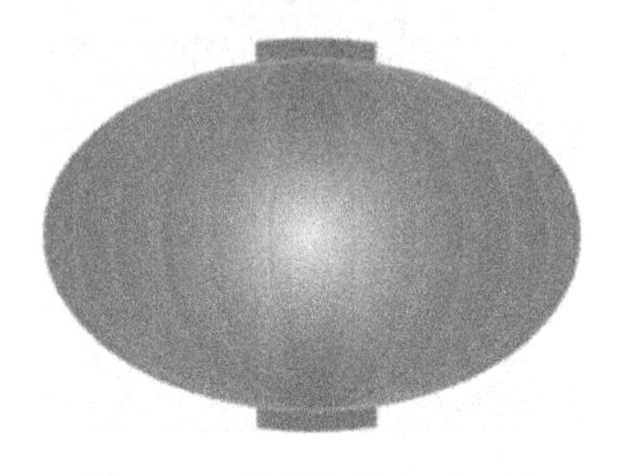

图 3-28　绘制灯笼上下两端

（5）在灯笼下面加上一些穗子。用“矩形工具”在灯笼下方画一个长方形，用〈Shift +PageDown〉组合键将其移动到最底层。将它的边框设为“无”，用渐变填充内部，如图 3-29 所示，颜色从橙色到加些灰绿的黄色，如图 3-30 所示，使它看起来更立体。再用“粗糙笔刷工具”使它的底边参差不齐。效果如图 3-31 所示。

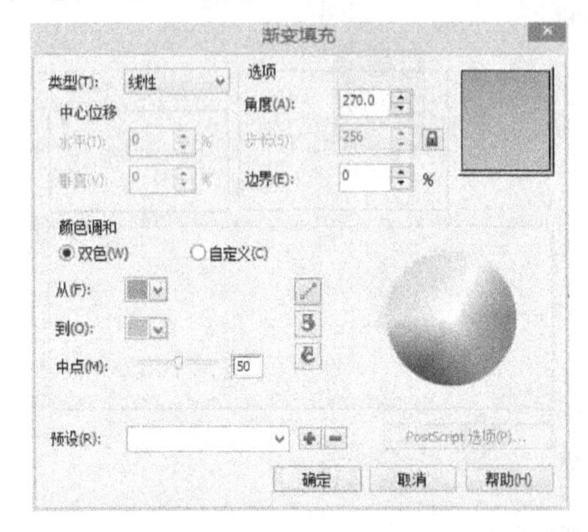

图 3-29　渐变填充对话框

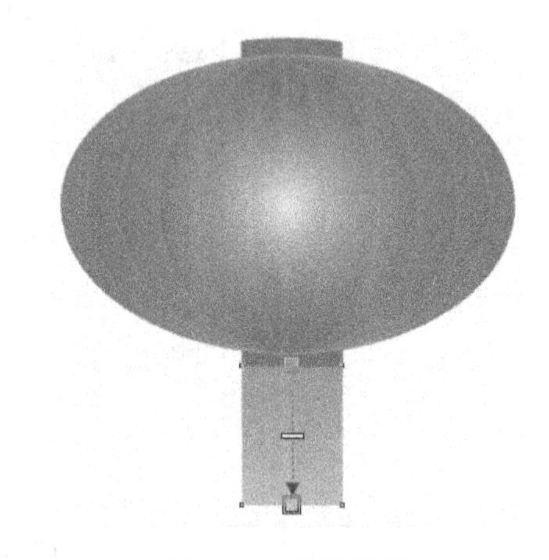

图 3-30　绘制穗子

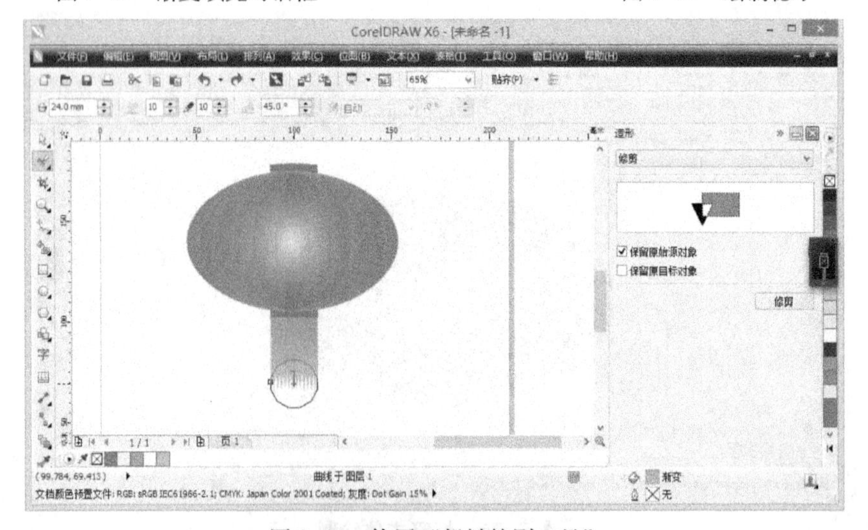

图 3-31　使用“粗糙笔刷工具”

（6）如果想让穗子飘动起来，可以用“封套工具”给它加上封套，如图 3-32 所示。

（7）绘制灯笼上面的提手。用“贝塞尔工具”画提手线条，再用“形状工具”调整形状，并设置线框的宽度，设置颜色为橙色。大红灯笼就绘制完成了，如图 3-33 所示。

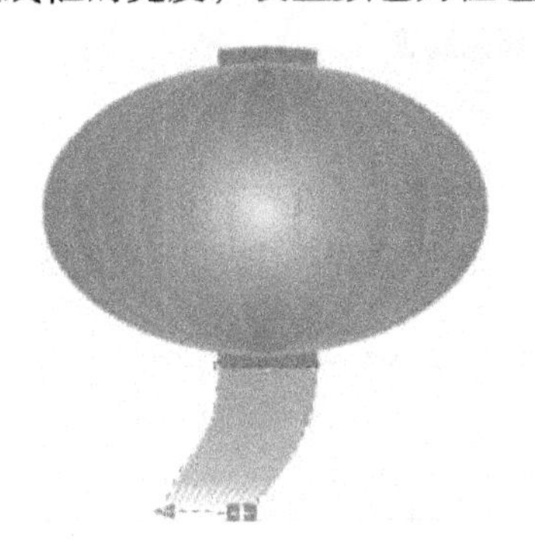

图 3-32　加上封套

图 3-33　绘制完成

3.2　任务 2：制作华丽播放器

播放器以储存数码音讯及数码视讯为主，是一种集音频、视频、图片浏览、电子书、收音机等于一体的多功能播放器。本节主要运用 CorelDRAW X6 软件中的“渐变填充工具”和“椭圆工具”绘制如图 3-34 所示的华丽播放器。

图 3-34　播放器

3.2.1　滴管工具

“滴管工具”可以吸取其他对象上的颜色属性、轮廓属性、变化属性和效果属性，其后用“油漆桶工具”进行填充。“滴管工具”有“颜色滴管”和“属性滴管”，如图 3-35 所示。

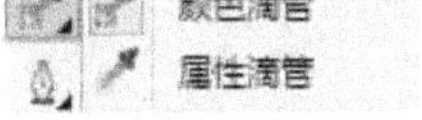

颜色滴管
属性滴管

图 3-35　滴管工具

1. 颜色滴管

在属性栏中可以设置取色范围，有 1×1 像素、2×2 像素或 5×5 像素 3 种大小；如在页面以外拾色，单击“从桌面选择”，可以在操作界面以外的系统桌面上去拾取颜色，还可以将吸取的颜色添加到调色板。如图 3-36 所示。

图 3-36　颜色滴管

2. 属性滴管

在属性栏中打开“属性”下拉列表框，在“轮廓”“填充”和“文本”3 个选项中选择需要拾取的对象属性。其次，还有“变换”属性和“效果”属性。如图 3-37 所示。

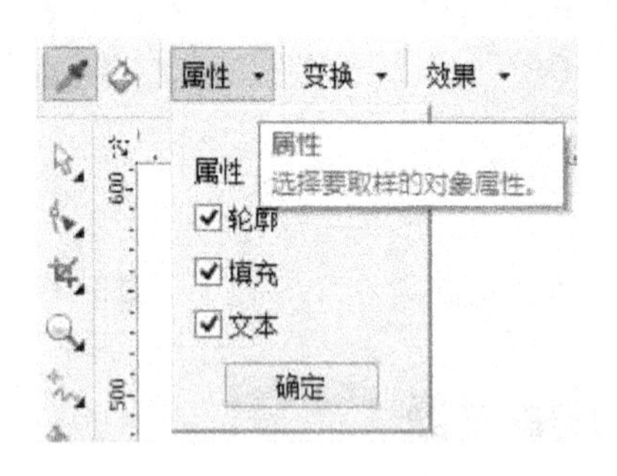

图 3-37　属性滴管

3.2.2　华丽播放器的制作过程

1. 设计思路

产品造型设计是产品设计最重要的一个部分。简洁大方的播放器外观可以吸引更多的消费者对该产品的喜爱。该产品采用深灰色外观，结合富有金属质感的银灰色按钮，体现出产品的高档质感。

2. 技术剖析

该案例中，主要运用 CorelDRAW X6 软件中的“渐变填充工具”和“椭圆工具”制作的华丽播放器。然后用交互式调和工具来进行播放器外观造型的设计制作。效果如图 3-38 所示。

3. 制作步骤

（1）新建文件并命名，首先创建一个方框，按住方框四角的任意一角进行拖动或调节倒角弧度，形成方形倒圆角，并填充黑色。如图 3-39 所示。

图 3-38　播放器

图 3-39　圆角矩形

（2）然后在按住变形按钮拖动不放的同时，单击鼠标右键，复制一个稍小的框出来（或者选中图形直接按〈Ctrl + C〉和〈Ctrl + V〉组合键，进行复制），再调节倒圆角的角度，并填充渐变色。如图 3-40 和图 3-41 所示。

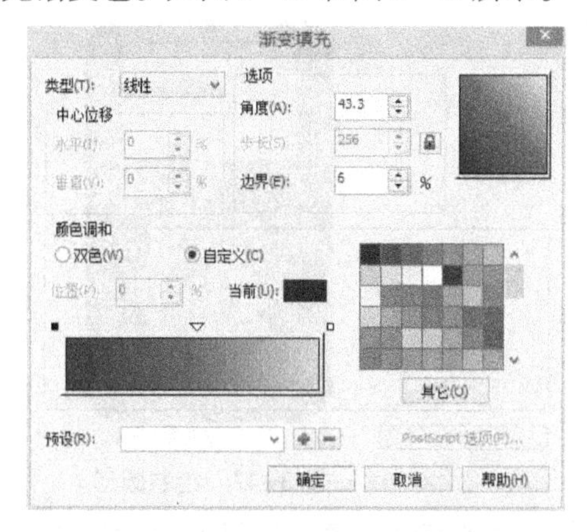

图 3-40 “渐变填充”对话框

图 3-41 填充渐变色

（3）选择“交互式调和工具”，从上面圆角矩形往下方圆角矩形拖动，将“步长”设置为 20，播放器出现了具有一定厚度的倒角效果。效果如图 3-42 所示。

（4）在适当的位置添加一个方框，填充白色，轮廓为黑色，0.706 mm，作为播放器的屏幕。如图 3-43 所示。

图 3-42 交互式调和效果

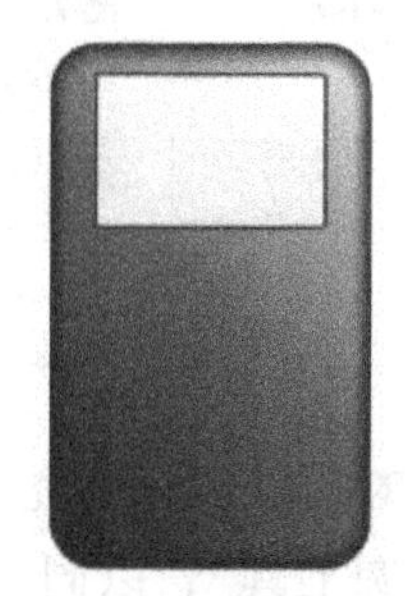

图 3-43 播放器屏幕

（5）在播放器上方绘制一个倒梯形，并填充渐变色，如图 3-44 和图 3-45 所示。

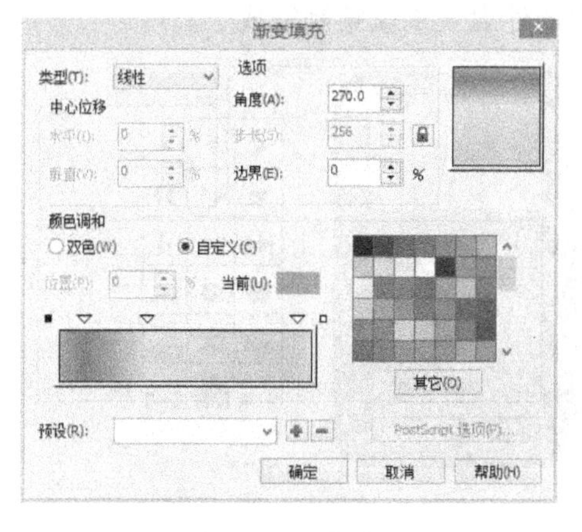

图 3-44 渐变填充

图 3-45 绘制倒梯形

（6）在播放器下半部分，用“椭圆工具”绘制圆形，并填充渐变色，如图 3-46 和图 3-47 所示。

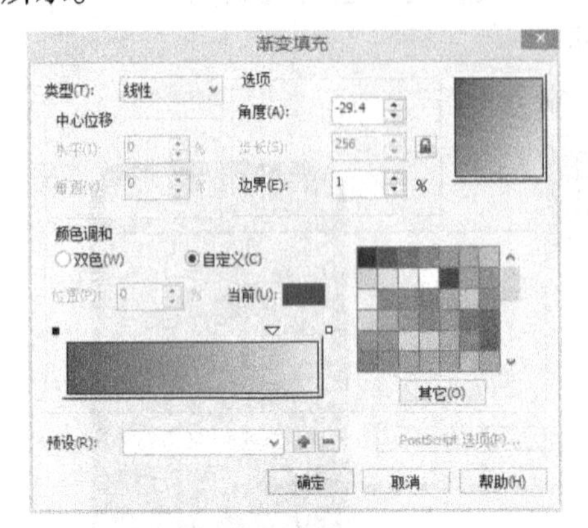

图 3-46　渐变填充　　图 3-47　绘制圆形

（7）用“椭圆工具”绘制同心缩小的圆，并填充渐变色，如图 3-48 和图 3-49 所示。

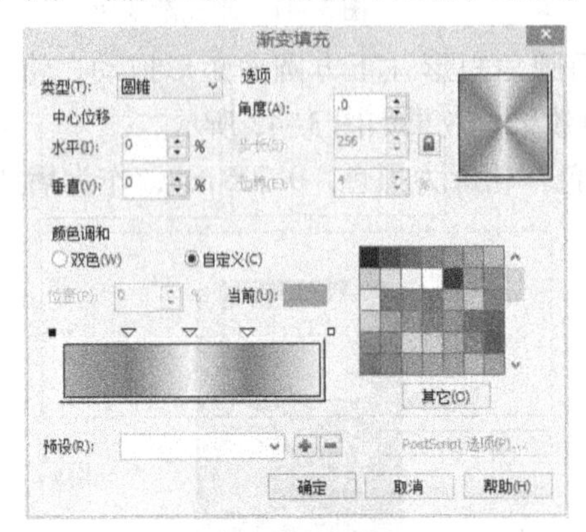

图 3-48　渐变填充　　图 3-49　填充渐变色

（8）再用“椭圆工具”，以同样的方式绘制两个稍小的同心圆，并填充渐变颜色与黑色，如图 3-50 所示。

（9）在播放器按钮上用“文本工具”输入文字，单击“文本/插入符号字符”，设置如图 3-51 所示，选择播放器的按钮图标，播放器外观效果就绘制完成了。

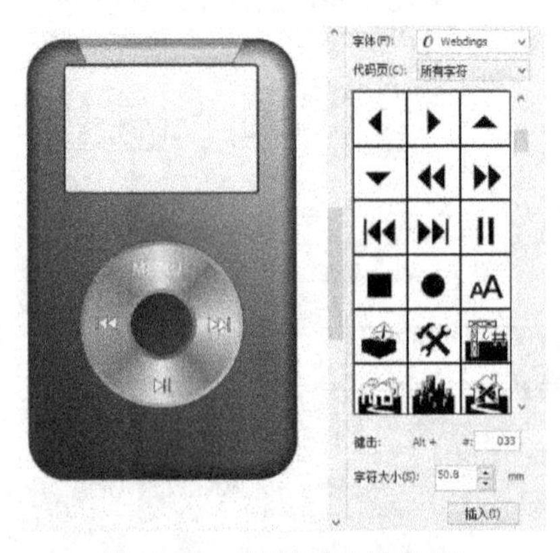

图 3-50　绘制键盘　　图 3-51　绘制播放器按钮

（10）在屏幕上绘制3个渐变条，用属性滴管工具进行属性填充，再用“文本工具”输入文字，或者导入一些图片，完成播放器的屏幕效果。

图3-52　屏幕绘制

3.3　任务3：灯箱广告

魅族是一个深受年轻人喜爱的MP4品牌，它的外形美观时尚，音质细腻、柔和。魅族MP4特别推出的这款产品名为“心声”。为配合新产品的发布，公司广告部策划了“倾听音乐，感动你我”的产品试用活动，让你在音乐的世界里感受缤纷多彩春天的到来。通过MP4灯箱广告的设计，让人们在画面中感受音乐带来的美好。

图3-53　MP4灯箱广告

3.3.1　交互式填充工具

使用“交互式填充工具”可以完成在对象中添加各种类型的填充。

在工具箱中单击“交互式填充工具”按钮，即可在绘图页面的上方看到其属性栏。如图 3-54 所示。

图 3-54 “交互式填充工具”属性栏

在属性栏左边的“填充类型”下拉列表框中，可以选择“无填充”“均匀填充”“线性”“辐射”“圆锥”“正方形”“双色图样”“全色图样”“位图图样”“底纹”或“Postscript”，如图 3-55 所示。虽然每一个填充类型都对应着自己的属性栏选项，但其操作步骤和设置方法却基本相同。

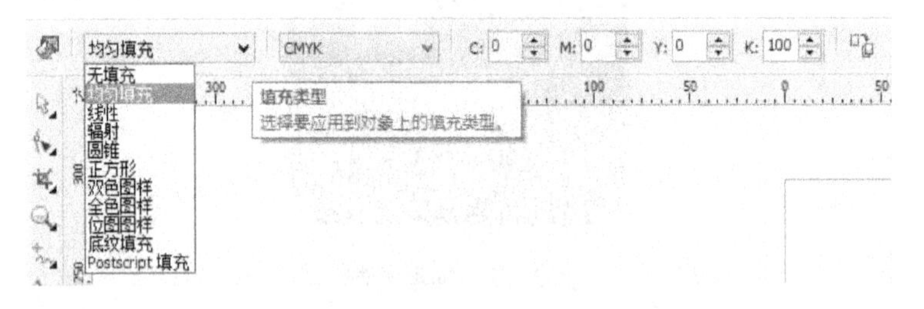

图 3-55 “填充类型”下拉列表框

单击“编辑填充”按钮，可以调出所选填充类型的对话框，进行该填充类型的属性设置。而在属性栏中的其他图标，只是该填充类型的对话框中的选项图标化而已，设置方法与前面介绍的相同。

提示：当鼠标停留在某一图标上时，系统会显示该图标的功能标注，对照前面介绍过的对话框中相应选项设置即可。

“交互式填充工具”的基本操作步骤：

（1）在工具箱中选中“交互式填充工具”。

（2）选中需要填充的对象。

（3）在属性栏中设置相应的填充类型及其属性选项后，即可填充该对象。如图 3-56 所示。

（4）建立填充后，通过设置“起始填充色”和“结束填充色”下拉列表框中的颜色和拖动填充控制线及中心控制点的位置，可随意调整填充颜色的渐变效果。如图 3-57 所示。

（5）通过调节填充控制线、中心控制点及尺寸控制点的位置，可调整填充图案或材质的尺寸及排列效果。

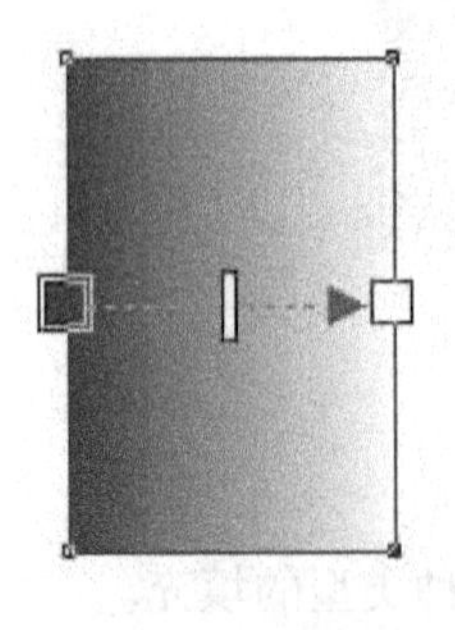

图 3-56 填充对象

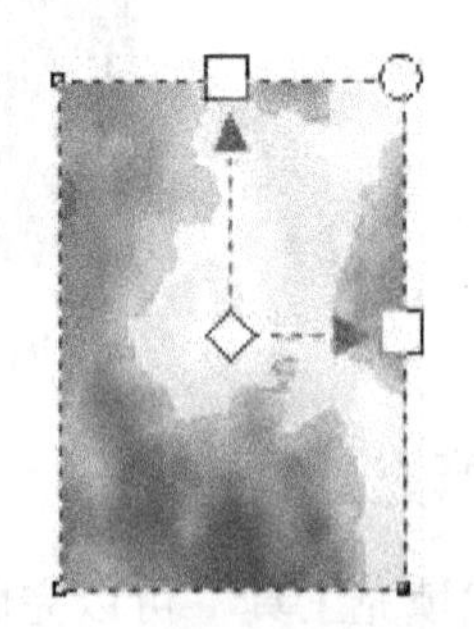

图 3-57 调整填充效果

3.3.2 交互式网状填充工具

使用“交互式网状填充工具”可以轻松地创建复杂多变的网状填充效果，同时还可以为每个网点填充不同的颜色并定义颜色的扭曲方向。

“交互式网状填充工具”的使用方法如下：

（1）选定需要网状填充的对象。

（2）在“交互式填充工具”的工具条中选择“交互式网状填充工具”。

（3）在“交互式网状填充工具”的属性栏中设置网格数目。如图3-58所示。

图3-58 交互式网状填充工具属性栏

（4）单击需要填充的节点，然后在调色板中选定需要填充的颜色，即可为该节点填充颜色。

（5）拖动选中的节点，即可扭曲颜色的填充方向。如图3-59所示。

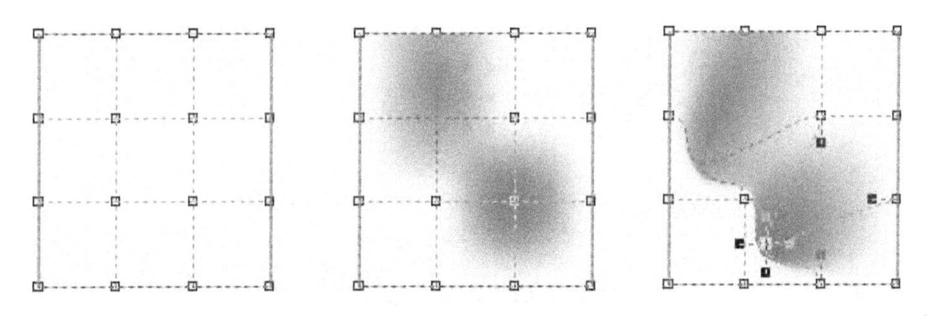

图3-59 使用“交互式网状填充工具”

3.3.3 智能填充工具

CorelDRAW的“智能填充工具”可以在保留原图形的基础上，复制并进行填色，尤其是在一些交叉区域上的使用很有特点。“智能填充工具”广泛应用在动漫创作、矢量绘画、服装设计、LOGO等领域的设计工作。对“智能填充工具”的合理运用，可以在工作效率方面有大的提高，设置色彩及轮廓可以做到随选随填，不用重复操作。

下面通过一个小操作一起认识CorelDRAW的“智能填充工具”。

（1）选择“椭圆工具”，在页面中拖动绘制出一个椭圆。

（2）打开“变换”泊坞窗，按30°旋转复制5个，如图3-60所示。

（3）选择工具箱中的“智能填充工具”，在“智能填充工具”的属性栏设置好填充颜色，以及是否需要轮廓。设置好之后，在需要填色的区域单击进行填充。比如这里在花瓣的外围选择其中几个封闭区域填充红色。

测试一下，使用“选择工具”将花瓣移动到右边的空白位置，之前的图像仍然在。如图 3-61 所示。

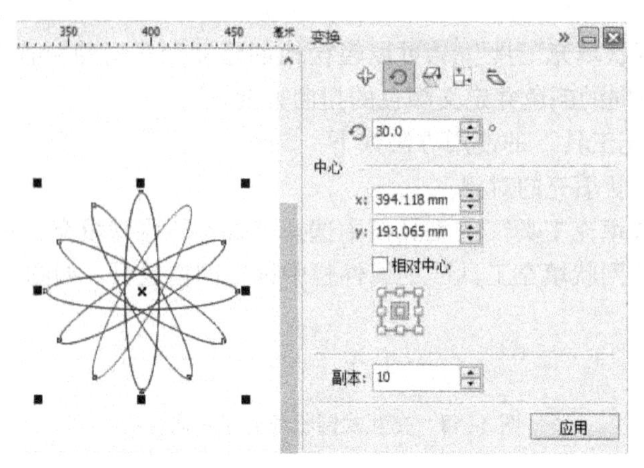

图 3-60 “变换”泊坞窗

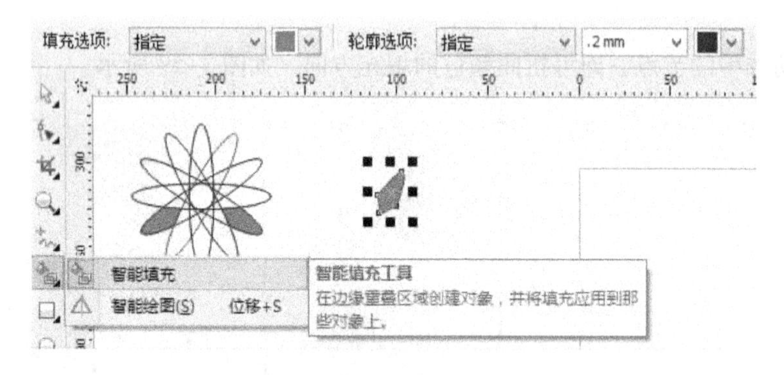

图 3-61 智能填充工具

4. CorelDRAW“智能填充工具”总结

观察并总结 CorelDRAW“智能填充工具”的使用：

（1）“智能填充工具”可以非常方便地把相交之处创建为一个新的对象，同时也完成对对象的填充，即通过填充创建新对象。

（2）使用“智能填充工具”填色不会破坏原有图形，之前的图像仍然会保留。

（3）CorelDRAW“智能填充工具”目前的版本美中不足的是所填的色只是单一颜色，没有渐变色、花纹图案等的填充。

3.3.4 编辑对象轮廓线

在绘图过程中，通过修改对象的轮廓属性，可以起到修饰对象的作用。在默认状态下，绘制图形的轮廓线为黑色、宽度为 0.2 mm、线条样式为直线型。在工具箱中单击“轮廓工具”，在展开的如图 3-62 所示的轮廓工具条中可以选择“轮廓画笔”“轮廓颜色”等选项。

要设置轮廓的样式，可在轮廓工具条中单击“轮廓画笔”按钮，或者按下〈F12〉键，打开“轮廓笔”对话框。在打开的如图 3-63 所示的“轮廓笔”对话框中选择需要的样式、颜色和宽度等。轮廓样式如图 3-65 所示。

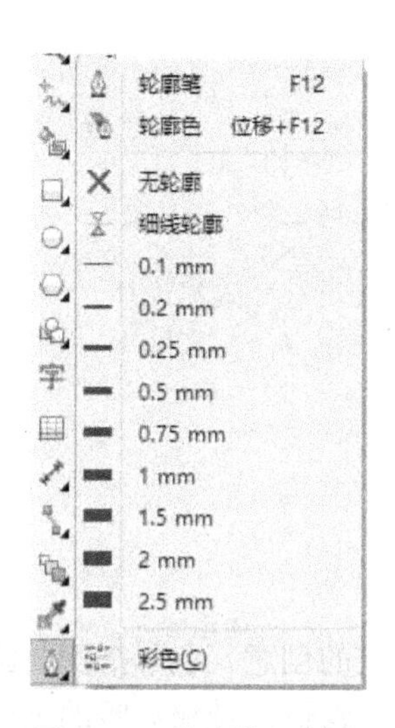

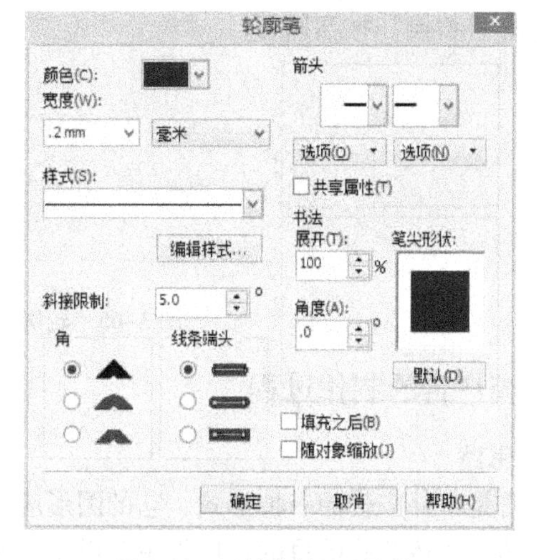

图 3-62　轮廓笔工具条　　　　图 3-63　“轮廓笔”对话框

- 颜色：单击“颜色”按钮，在展开的颜色选取器中选择合适的轮廓颜色，也可以单击“更多”按钮，在弹出的“选择颜色”对话框中自定义轮廓颜色，单击“确定”按钮。
- 样式：单击“样式”下拉按钮，在其下拉列表中选择系统预设的轮廓线样式，设置完成后单击“确定”按钮。
- 宽度：用户可以根据需求设定轮廓线的宽度，后面是轮廓线的单位。
- 填充之后：选中该复选框，轮廓线会在填充颜色的下面，填充颜色会覆盖一部分轮廓线。
- 随对象缩放：选中该复选框，在对图形进行比例缩放时，其轮廓线的宽度会按比例进行相应的缩放。

3.3.5　编辑与应用样式

在“轮廓笔”对话框中的“样式”下拉列表中，可以选择轮廓线的线条样式，如果你对系统提供的线条样式还不够满意，可以单击下面的“编辑样式”按钮，打开“编辑线条样式”对话框。

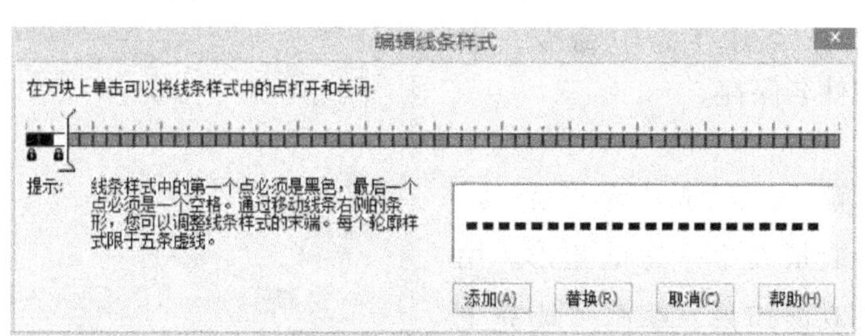

图 3-64　在“编辑线条样式”对话框中编辑虚线

在该对话框中拖动滑块到适当的位置，可以控制虚、实线之间的距离；在需要呈现实心点的位置单击即可显示该点，再次单击即可清除该点。在右下方的预览窗口中显示了编辑后的虚线样式，单击“添加”按钮即可将编辑好的虚线样式添加到样式列表框中。如果要编辑已有的轮廓线样式，可在选定该轮廓线样式后，再单击“编辑样式”按钮进行编辑，编辑完成后单击“替换”按钮即可。

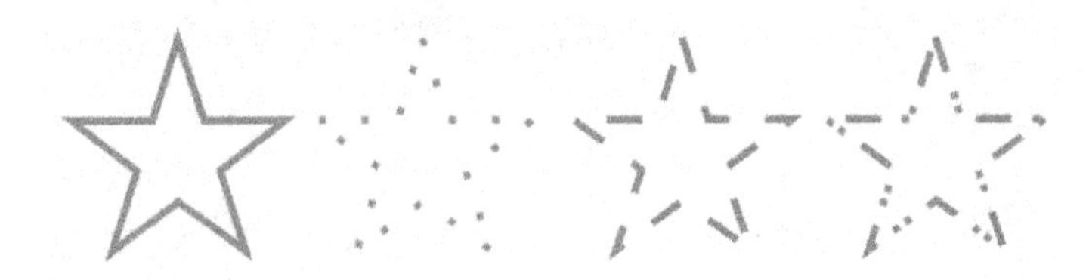

图 3-65 轮廓样式

3.3.6 灯箱广告的制作过程

1. 设计思路

灯箱广告是户外广告的一种形式，它的图形应具有一定的创意，色彩搭配要鲜明，同时结合广告语达到宣传产品的目的。广告主要以紫色调为主，营造出神秘温暖的画面感受，搭配洋红、黄色、浅紫等颜色，让人有一种既温馨又充满活力的感觉。

2. 技术剖析

该案例中，主要运用 CorelDRAW X6 软件中的“渐变填充工具”“PostScript 填充工具”“贝塞尔工具”“选择工具”“交互式透明工具”和画框精确裁剪命令来制作富有层次的、充满动感的广告背景；再运用“交互式变形工具”的“推拉变形”完成花朵图案的绘制；最后运用“矩形工具”、对齐命令、结合命令完成标志的制作。这样一幅充满生气、画面活泼、颜色鲜艳的 MP4 灯箱广告（如图 3-66 所示）就鲜活地呈现在人们眼前。

图 3-66 MP4 灯箱广告

3. 制作步骤

1）创建新文档并保存

（1）启动 CorelDRAW X6 后，新建一个文档，默认纸张大小为 A4。

（2）单击页面左上方的“文件”按钮，在下拉菜单中选择“另存为”命令，以“MP4 广告”为文件名保存。

2）绘制背景

（1）在工具箱中，双击“矩形工具”，得到一个和纸张大小一样的矩形。用“选择工具”选取该矩形，单击“填充工具”中的“渐变填充”按钮，打开“渐变填充”对话框，选择“类型”为“辐射”，设置颜色为“从（F）”（C:72,M:100,Y:54,K:29）“到（O）”（C:4,M:92,Y:11,K:0），单击“确定”按钮。如图 3-67 所示。

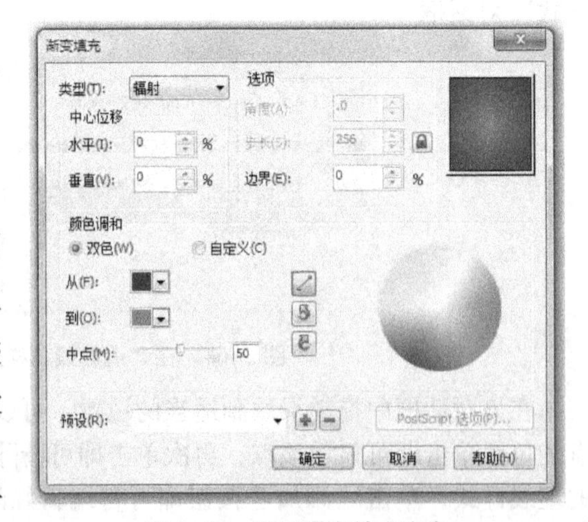

图 3-67 设置渐变填充底色

（2）再次双击“矩形工具”，得到一个和纸张大小一样的矩形。用“选择工具”选取该矩形，单击“填充工具”中的“PostScript 填充”按钮，打开如图 3-68 所示的对对话框。选中对话框右边的“预览填充”复选框，选择填充类型为“彩色圆”，设置“数目（每平方英寸）”为“3”。填充效果如图 3-69 所示。

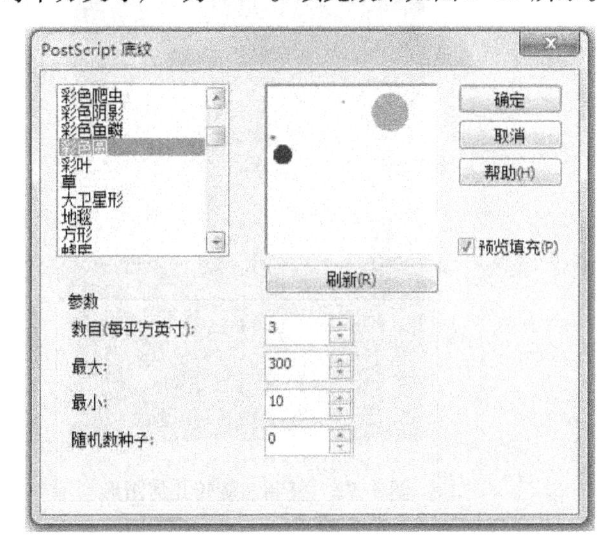

图 3-68　设置 PostScript 填充

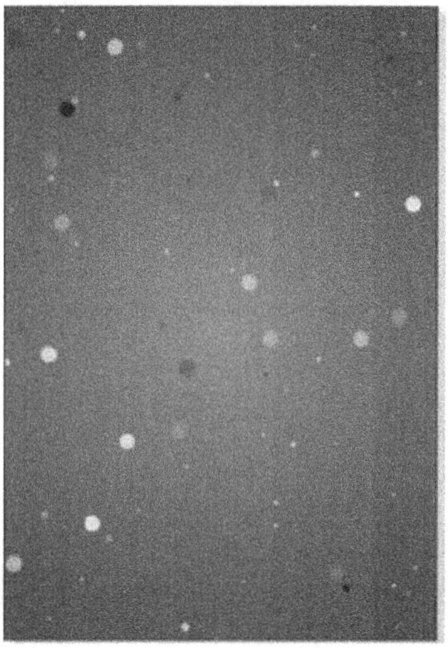

图 3-69　PostScript 填充效果

（3）单击工具栏中的“交互式透明”按钮，选择不透明类型为“辐射”，从左至右拖出“圆形”不透明度编辑线，设置中心点位置为“50”，效果如图 3-70 所示。

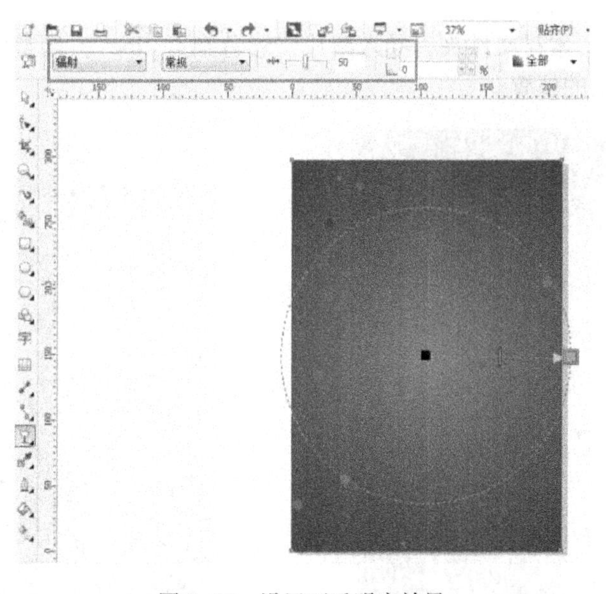

图 3-70　设置不透明度效果

（4）选择“贝塞尔工具”绘制图形，运用“形状工具”将形状调整到如图 3-71 所示的形状。

（5）运用“复制”命令、“旋转”命令，将该图形进行复制、旋转，分别放置在如图 3-72 所示的位置。

图 3-71　绘制几何图形

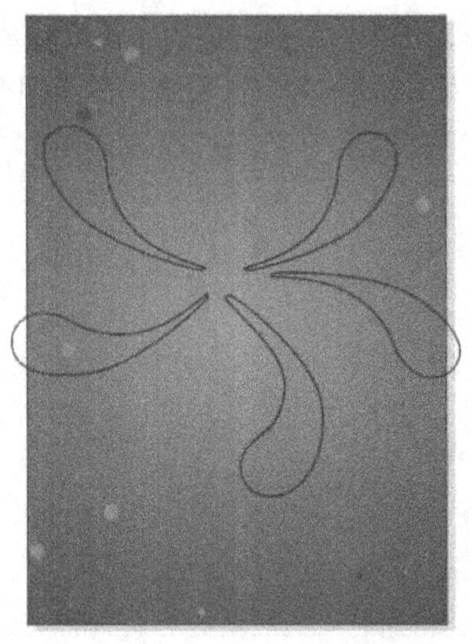

图 3-72　复制、旋转几何图形

（6）选择“填充工具”，分别为几何图形填充颜色。从左至右分别是浅粉色（C:0，M:40,Y:0,K:0）、浅紫色（C:20,M:80,Y:0,K:0）、洋红色（C:0,M:100,Y:0,K:0）、浅粉色（C:0,M:40,Y:0,K:0）、洋红色（C:0,M:100,Y:0,K:0）。将全部几何图形去掉轮廓线，最终效果如图 3-73 所示。

（7）打开第 3 章\ 素材文件夹，导入图片“彩色圆点 . jpg”，调整图片的大小，将图片放置在如图 3-74 所示的位置。

图 3-73　填充几何图形

图 3-74　导入彩色圆球

（8）将画面中除了渐变背景色以外的全部图形选中，按〈Ctrl + G〉组合键群组，放到白色的空白区域上。在菜单栏中选择“效果”→“图框精确剪裁”→“置于图文框内部”命令，将群组的图形放置于紫色渐变背景内部。如图 3-75 和图 3-76 所示。

图 3-75　执行画框精确裁剪命令

3）绘制花朵图案

（1）选择“多边形工具”，设置边数为“5”，创建如图 3-77 所示的五边形。

图 3-76　最终效果

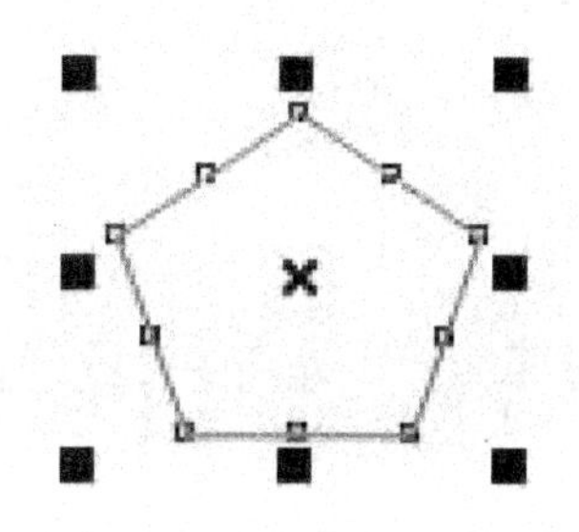

图 3-77　创建一个五边形

（2）选择工具箱中的“变形工具”，在属性栏中单击“推拉变形”按钮，由右至左，将“五边形”变形为“花朵”造型，如图3-78所示。

（3）选择“填充工具”，为其填充为粉红（C:0,M:40,Y:0,K:0），复制一个花朵图案，缩小，填充为紫色（C:40,M:100,Y:0,K:0），取消轮廓线，效果如图3-79所示。

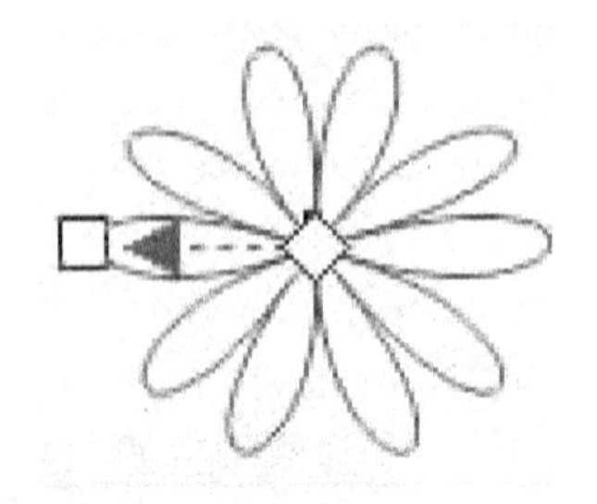

图3-78　变形为花朵造型

图3-79　为花朵填充颜色

（4）多复制两组花朵图案，分别填充颜色为浅紫色（C:20,M:80,Y:0,K:0）、深紫色（C:40,M:100,Y:0,K:0）、浅黄色（C:0,M:0,Y:20,K:0）、桃红色（C:0,M:80,Y:40,K:0）。效果如图3-80所示。

图3-80　为花朵填充更丰富的颜色

（5）将3组花朵分别群组，放置在画面中，调整大小及位置，效果如图3-81所示。

（6）导入“素材”文件夹中的“MP4.psd”，调整其大小，将图片放置在如图3-82所示的位置。

图3-81　放置花朵后的效果

图3-82　导入“MP4”素材

4）绘制标志

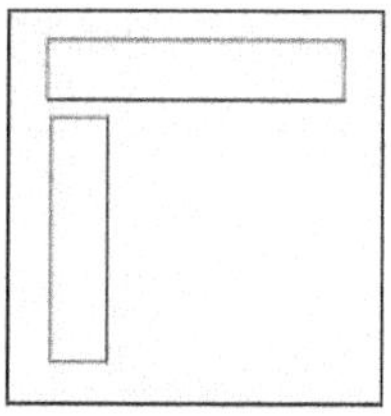

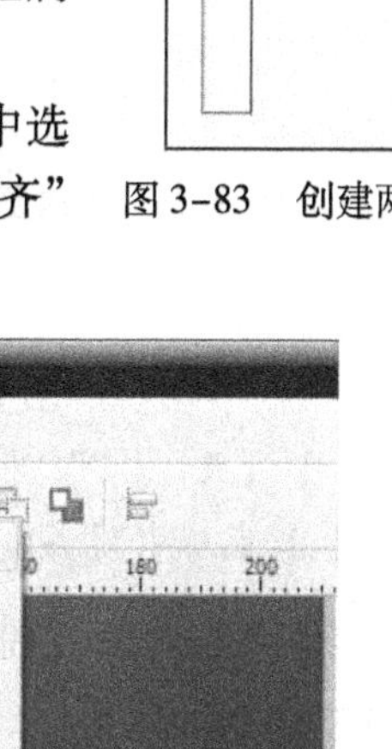
图 3-83　创建两个矩形

（1）选择“矩形工具”，在画面空白区域创建一个矩形，在属性栏中设置尺寸为：宽 42 mm、高 8 mm。再复制一个矩形，在属性栏中修改其尺寸为：宽 8 mm、高 33 mm。如图 3-83 所示。

（2）运用“选择工具”将两个矩形同时选中，在菜单栏中选择“排列”→“对齐”→“左对齐”命令和“排列”→“对齐”→“上对齐”命令，如图 3-84 所示，对齐后如图 3-85 所示。

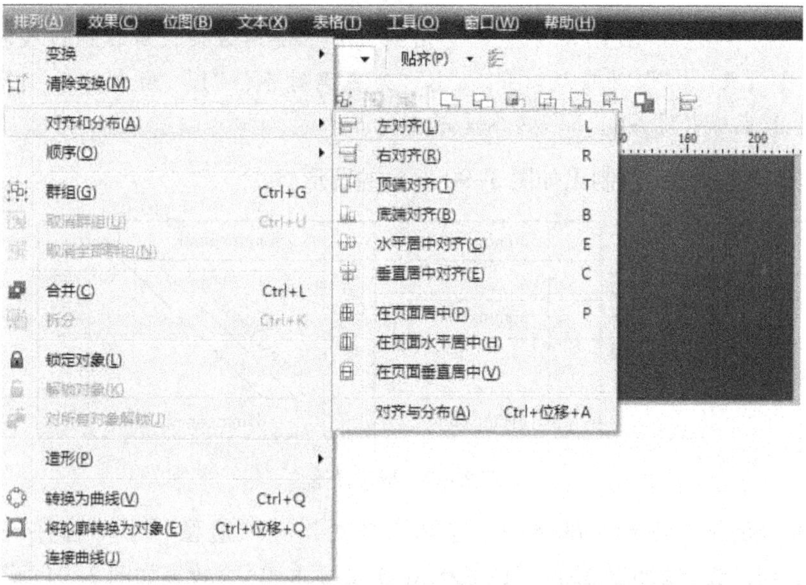

图 3-84　执行对齐命令

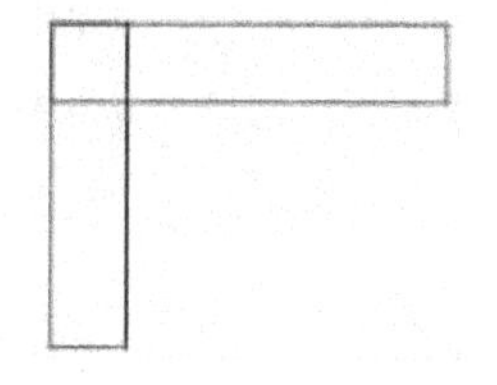
图 3-85　对齐后效果

（3）按住〈Ctrl〉键，水平移动并复制出一个矩形“①”号。运用“选择工具”先选中新复制出的矩形“①”号，再按住〈Shift〉键选中横向的矩形“②”号，如图 3-86 所示。执行对齐命令，选择“排列”→“对齐”→“垂直居中对齐”命令。效果如图 3-87 所示。

（4）按住〈Ctrl〉键，再次水平移动并复制出一个矩形“③”号。运用“选择工具”先选中新复制出的矩形“③”号，再按住〈Shift〉键选中横向的矩形“②”号，如图 3-88 所示。执行对齐命令，选择“排列”→“对齐”→“右对齐”命令。效果如图 3-89 所示。

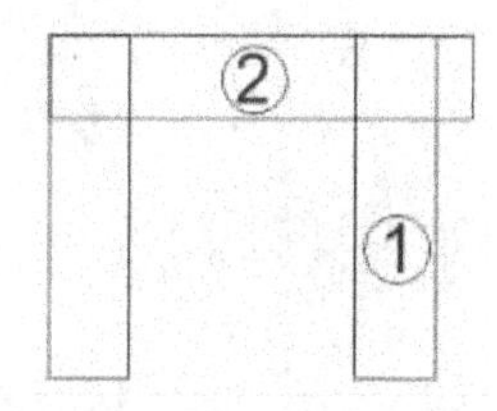

图 3-86　选中要对齐的矩形

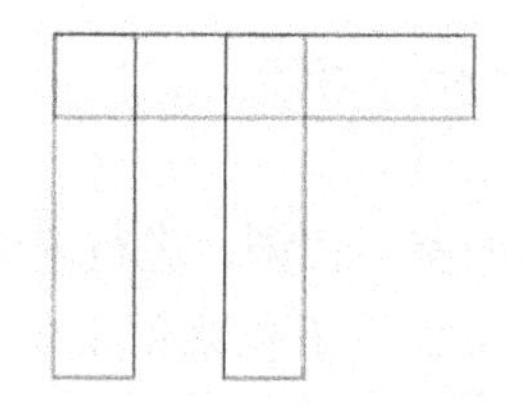
图 3-87　垂直居中对齐后的效果

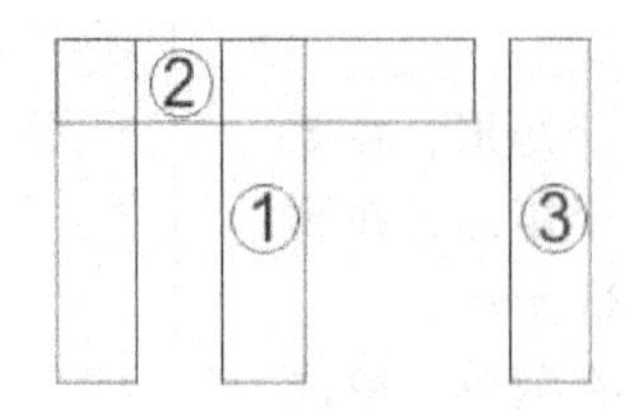

图 3-88　再次复制出矩形③

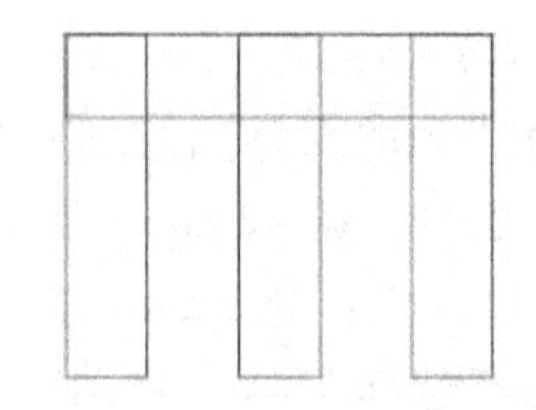

图 3-89　右对齐后的效果

小提示

“对齐”命令在 CorelDRAW 中经常会用到，为了使用方便，可以通过快捷命令来完成对象的对齐效果。“T”为顶端对齐、“B”为底端对齐、“L”为左对齐、“R”为右对齐、“C”为垂直居中对齐、“E”为水平居中对齐。

（5）运用以上方法，绘制出如图 3-90 所示的图形。

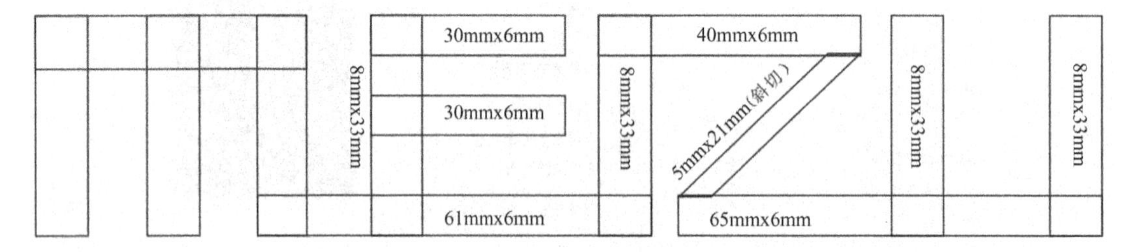

图 3-90　标志图形

（6）将绘好的标志图形全部选中，选择“排列”→“造型”→“合并”命令。选择“填充工具”，为标志填充蓝色（C:100,M:0,Y:0,K:0）。效果如图 3-91 所示。

（7）选择“文本工具”字，输入文字“魅族”。设置文字的字体为“方正粗倩简体”、字号为“130 pt”，填充为蓝色（C:100,M:0,Y:0,K:0），如图 3-92 所示。

MEIZU

图 3-91　填充后的标志图形

MEIZU 魅族

图 3-92　绘制好的标志

（8）将标志移动至画面中，等比例缩放，调整到合适的大小，放置在如图 3-93 所示的位置。

（9）选择“文本工具”字，输入文字“倾听音乐，感动你我”。设置文字的字体为“叶根友行书繁”、字号为“38 pt”，填充为白色，如图 3-94 所示。

5）生成最终效果

（1）观察画面整体色调，进行细微的调节。

（2）选择“文件”下拉菜单下的“保存”命令，即可完成“MP4 广告”的设计工作。“MP4 广告”的最终效果如图 3-95 所示。

图 3-93　标志放置的位置

图 3-94　输入文字

图 3-95　魅族“MP4 广告”最终效果

3.4　习题

1. 选择题

（1）在使用“渐变填充”时，当选用“双色”单选按钮时，填充色可以由________颜色变化到另一种颜色。

A. 一种　　B. 3 种　　C. 两种　　D. 4 种

（2）________是以随机的小块位图作为对象的填充图案，它能逼真地再现天然材料的外观。

A. 图样填充　　B. 底纹填充　　C. PostScript 填充　　D. 颜色泊坞窗

（3）渐变填充有线性、________、圆锥和方形 4 种填充模式。

A. 射线　　B. 曲线　　C. 直线　　D. 折线

2. 简答题

（1）“渐变填充”设置颜色的方法是什么？

（2）删除填充色和删除填充纹样的方法是什么？

（3）简述“交互式网状填充工具”的使用方法。

项目 4　对象的高级编辑

本项目要点：

- 熟练掌握复制、剪切与粘贴的多种方法。
- 熟练掌握对象基本变换的方法。
- 熟练掌握造型功能的使用方法。
- 熟练掌握使用“图框工具”精确裁剪的方法。

4.1　任务 1：制作创意字体

在做海报、广告设计时，该怎样创造出有魔力的字体，紧紧抓住读者的心呢？本节主要运用 CorelDRAW X6 软件中的“贝塞尔工具”和线条绘制工具完成如图 4-1 所示的创意字体设计。

图 4-1　创意字体

4.1.1　选择对象

在对对象进行处理前，首先需要使其处于选中状态，在 CorelDRAW 中，“选择工具”是最常用的工具之一，通过它不仅可以选择矢量图形，还可以选择位图、群组等对象。当一个对象被选中时，其周围会出现 8 个方形控制点，单击控制点可以修改其位置、形状及大小。

1. 选择一个对象

单击工具箱中的“选择工具”按钮，在对象上单击，即可将其选中，也可以使用“选择工具”在要选取的对象周围单击，然后按住鼠标左键拖动，即可将选框覆盖下的区域中的对象选中。

2. 选择多个对象

单击工具箱中的“选择工具”按钮，然后按住〈Shift〉键单击要选择的每个对象。

3. 按创建顺序选择对象

选中某一对象后，按下〈Tab〉键，软件会自动选择最近绘制的对象，再次按下〈Tab〉键会继续选择最近绘制的第二个对象。如果在按下〈Shift〉键的同时，按下〈Tab〉键进行切换，则可以从第一个绘制的对象起，按照绘制顺序进行选择。

4.1.2　对象的剪切、复制与粘贴

1. 剪切对象

剪切是把当前选中的对象移入剪贴板中，原位置的对象消失，以后用到该对象时，可通

过“粘贴”命令来调用。也就是说，“剪切”命令经常与“粘贴”命令配合使用。在 CorelDRAW 中，剪切与粘贴对象可以在同一文件或者不同文件中进行。

（1）选择一个对象，选择“编辑”→“剪切”命令或按〈Ctrl + X〉组合键，即可将所选对象剪切到剪贴板中，被剪切的对象从画面中消失。或者也可以选择一个对象，单击鼠标右键，在弹出的快捷菜单中选择“剪切”命令，也可以进行剪切操作。

（2）剪切完成后，可以使用下面将要介绍的“粘贴”命令将对象粘贴到其他文件中。

2. 再制与复制

在 CorelDRAW 中，“再制”与“复制”是两个不同的概念（如图 4-2 所示）。虽然都是对选择对象进行复制，但执行“复制”命令只是将对象放在剪贴板中，必须再执行“粘贴”命令才能复制出对象。

执行“再制”命令则将两个步骤合并，按〈Ctrl + D〉组合键即可再制对象。按小键盘上的（+）键则可在原位置再制选择对象，如图 4-2 所示。

复制(C)	Ctrl+C
粘贴(P)	Ctrl+V
选择性粘贴(S)…	
删除(L)	Delete
符号(Y)	▸
再制(D)	Ctrl+D
仿制(N)	

图 4-2　复制与再制

3. 粘贴对象

在对对象进行了复制或者剪切操作后，接下来进行的便是粘贴操作。选择“编辑”→“粘贴”命令或按住〈Ctrl + V〉组合键，可以在当前位置粘贴出一个新的对象。

4.1.3　清除对象

当图像中存在多余部分，需要及时清除时，单击工具箱中的“选择工具”按钮，选中要清除的对象，然后选择“编辑”→“删除”命令或按〈Delete〉键，即可将其清除。

4.1.4　透视效果

利用透视功能，可以将对象调整为透视效果。选择需要设置的图形对象，选择“效果”→“添加透视”命令，在矩形控制框 4 个角的锚点处拖动鼠标，可以调整其透视效果，如图 4-3 和图 4-4 所示。

图 4-3　调整前

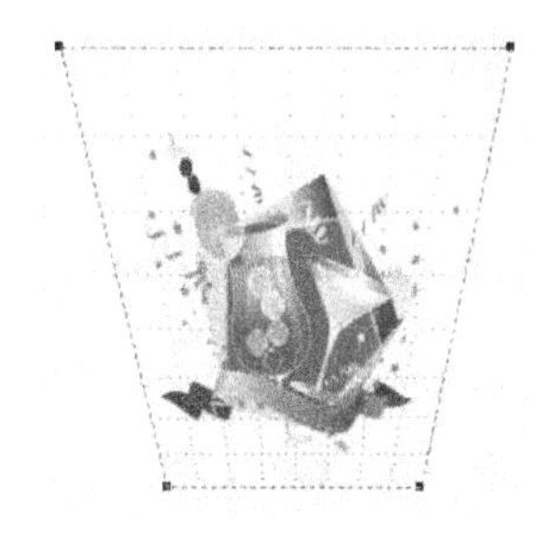

图 4-4　调整后

4.1.5　创意字体制作步骤

1. 设计思路

狭义地说，文字设计是通过美学元素，设计者的观念，创造出具有装饰性的文字。

它以研究字体的合理结构，字形之间的有机联系以及字形的排列为目的。艺术字体的设计已经成为很重要的一项。

2. 技术剖析

该案例中，主要运用 CorelDRAW X6 软件中的文本工具、造型命令来设计创意文字效果。完成该案例的效果首先需要使用“文本工具”并对文字进行拆分美术字，后选择造型命令，轮廓笔工具制作效果。然后，使用图框精确裁剪命令完成制作。效果如图 4-5 所示。

图 4-5　创意字体的制作

3. 制作步骤

1）设计创意字体

（1）建立 A4 大小的文件，单击工具箱中的“矩形工具”按钮，在画面中拖动鼠标绘制一个 A4 的矩形，效果如图 4-6 所示。

单击“填充工具”按钮，此时出现一行填充工具，渐变填充包含线性渐变、射线渐变、圆锥渐变和方角渐变 4 种类型。它可以为对象增加两种或两种以上颜色的平滑渐进色彩效果。

单击选择“均匀填充”。此时出现“均匀填充”对话框，设置颜色为（C:0, M:60, Y:100, K:0），效果如图 4-7 所示。

图 4-6　新建文件

图 4-7　设置颜色

（2）选择“矩形工具”，在画面下半部分，绘制矩形。单击“填充工具”中的“均匀填充”按钮，打开“均匀填充”对话框，设置颜色为（C:0, M:100, Y:100, K:0），并设置轮廓线宽度为无，效果如图 4-8 所示。使用“椭圆工具”，然后再单击“填充工具”按钮，选择“均匀填充”，将其填充成蓝色（C:100, M:100, Y:0, K:0），单击“确定”按钮，效果如图 4-9 所示。

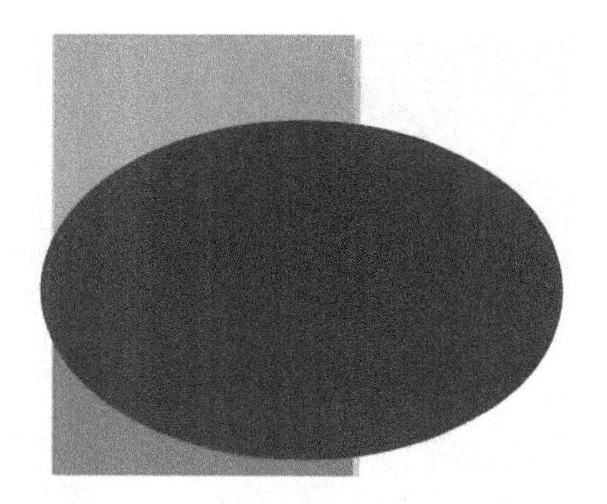

图 4-8　填充路径　　　　图 4-9　填充路径

（3）单击工具箱中的“选择工具”，按住〈Shift〉键进行加选，将红色矩形和蓝色椭圆全部选中，然后单击属性栏中的“移除前面对象”按钮，效果如图 4-10 所示。

（4）选择“文本工具”，设置字体为“Arial Black”、大小为 150，添加文字“COOL”，选择文字，选择“排列”→“拆分美术字”命令，方便对文字进行单独编辑，如图 4-11 所示。

图 4-10　绘制路径　　　　图 4-11　路径整体效果

（5）用“选择工具”选中字母“C”，将光标移动至 4 个角的任意控制点中，按住鼠标左键并拖动，将其等比例扩大。双击该字母，将光标移动至 4 个角的任意控制点中，按住鼠标左键并拖动，将其旋转适当的角度，然后放置在合适位置，其他字母依照上述相同的方法，效果如图 4-12 所示。

（6）选择文字，选择“窗口”→“泊坞窗”→“造型”命令，如图 4-13 所示，方便对文字进行单独编辑，在“类型”下拉列表中选择“焊接”选项，单击“焊接到”按钮，然后在画面中拾取一个字母，使 4 个字母形成一个整体，如图 4-14 所示。

（7）为字母调整颜色，单击“填充工具”中的“均匀填充”按钮，打开“均匀填充”对话框，设置颜色为（C:0,M:100,Y:100,K:0），然后单击“轮廓笔工具”，在弹出的“轮廓笔”对话框中进行设置，如图 4-15 所示，效果如图 4-16 所示。

图 4-12　设置文字

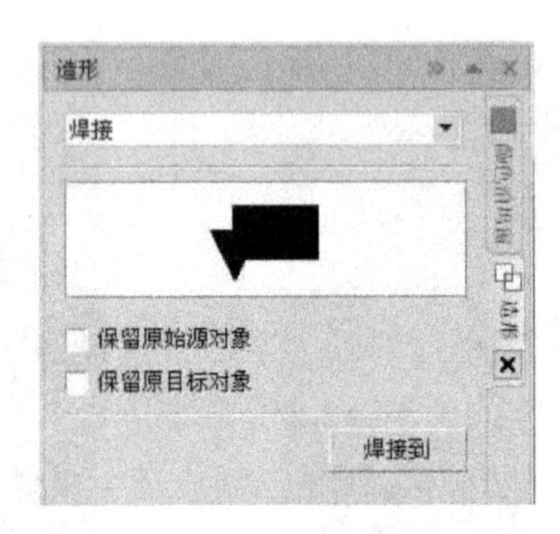

图 4-13　设置造型

图 4-14　设置焊接效果

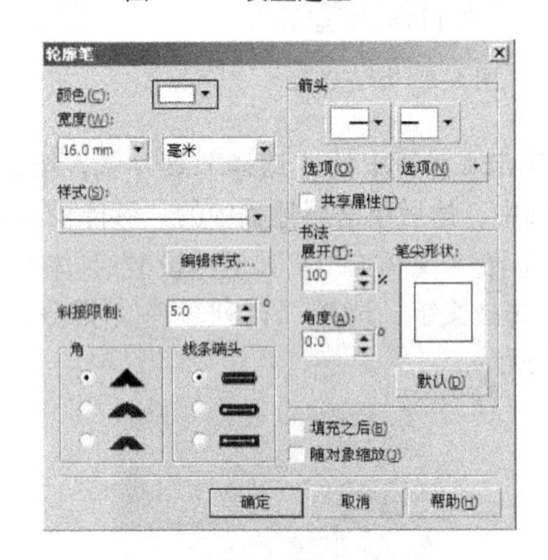

图 4-15　“轮廓笔”对话框

（8）选择“矩形工具”按钮，绘制一个和画面大小相当的矩形，效果如图 4-17 所示。选择文字，选择“效果”→“图框精确剪裁”→“放置在容器中”命令，当光标变为黑色箭头时，单击绘制的矩形框，再设置轮廓线宽度为“无”，效果如图 4-18 所示。

图 4-16　设置效果

图 4-17　绘制矩形框 1

（9）选择文字，按〈Ctrl + C〉组合键进行复制，按〈Ctrl　+ V〉组合键进行粘贴，设置轮廓线宽度为“无”，效果如图 4-19 所示。

图 4-18　绘制矩形框 2

图 4-19　复制文字

（10）选择“椭圆工具”，按住〈Ctrl〉键，绘制正圆，单击“填充工具”中的“均匀填充”按钮，设置颜色为（C:0,M:0,Y:100,K:0）和黄色，然后单击“轮廓笔工具”，设置如图 4-20 所示，效果如图 4-21 所示。

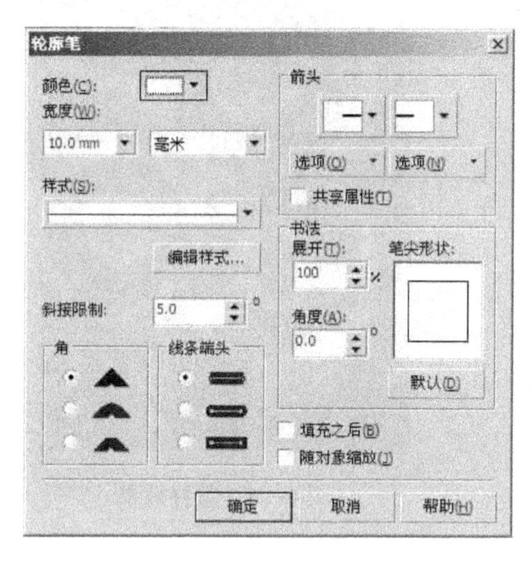

图 4-20　设置轮廓笔

图 4-21　设置效果

（11）选择“矩形工具”，绘制一个矩形，效果如图 4-22 所示。然后选择矩形和圆形，单击属性栏中的“简化”按钮，选择矩形框，按〈Delete〉键将其删除，效果如图 4-23 所示。

图 4-22　设置矩形

（12）将半圆移至右侧，效果如图 4-24 所示。

2）添加文字

选择“文本工具”，鼠标左键向右下角拖动，绘制出一个文本框，设置字体为“Arial”、大小为“16”，添加文字，如图 4-25 所示，最终效果如图 4-26 所示。

图 4-23　简化

图 4-24　移动半圆

图 4-25　添加文字

图 4-26　最终效果

4.2　任务 2：制作可爱宣传页

通过宣传页可以了解企业或产品的品牌文化，宣传页直观地反应出了品牌对象的关系，简洁而明了。本节将绘制如图 4-27 所示的可爱宣传页。

4.2.1　调整对象造型

1. 图形的修整

1）图形的焊接和相交

无论对象是否重叠，都可以将它们焊接起来。如图 4-28 所示，具体操作如下：

（1）选择两片叶子作为来源对象。

（2）按住〈Shift〉键，同时单击目标对象。

（3）在菜单栏中选择“排列”→“造型”→“焊接”命令。

图 4-27　可爱宣传页

图 4-28　将叶子焊接到苹果上可以创建单个对象轮廓

2）对象的修剪简化

修剪是指通过移除重叠的对象区域来创建形状不规则的对象，如图 4-29 所示。

图 4-29　利用字母 A 剪掉了字母后面的对象

4.2.2　可爱宣传页制作步骤

1. 设计思路

在宣传页设计中需要通过文字和图画编排展现出公司的实力。文字在宣传页的设计中，具有举足轻重的作用。首先要有可读性，同时，不同的字体变化和大小及面积的变化，又会带来不同的视觉感受。文字的编排设计是增强视觉效果、使版面个性化的重要手段之一。在宣传页设计中，字体的选择与运用首先要便于识别，容易阅读，不能盲目追求效果而使文字失去最基本的信息传达功能。另外，需要注意画面的装饰形象、色彩和构图。

2. 技术剖析

该案例中，主要运用 CorelDRAW X6 软件中的“填充工具”“网状填充工具”和“文本工具”完成宣传页的设计；使用“贝塞尔工具”“交互式透明度”工具为宣传页绘制图形素材；使用“矩形工具”和“文本工具”来进行整个版面的文字排版。效果如图 4-30 所示。

图 4-30　可爱宣传页最终完成效果

3. 操作步骤

1）创建新文档并保存

（1）启动 CorelDRAW X6 后，新建一个文档，默认纸张大小为 A4。

（2）单击页面左上方的“文件”按钮，在下拉菜单中选择“另存为”命令，以“可爱宣传页”为文件名保存。

2）制作宣传页

（1）选择“矩形工具”，在工作区里绘制 A4 大小的矩形。单击“填充工具”中的“均匀填充”按钮，在弹出的对话框中设置颜色为（C:0, M:100, Y:100, K:0），设置如图 4-31 所示，效果如图 4-32 所示。

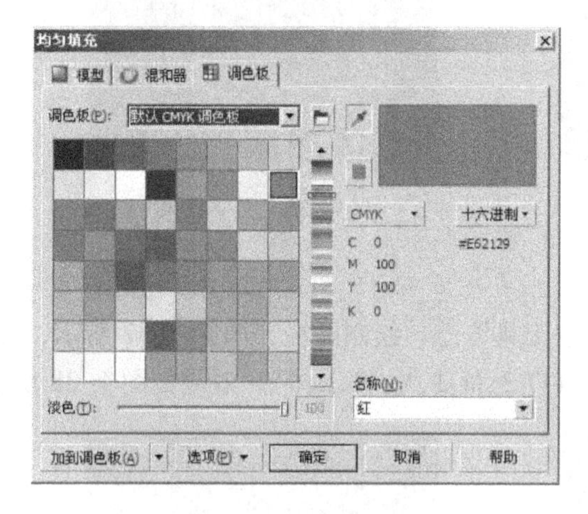

图 4-31　设置填充色

图 4-32　颜色填充效果

（2）使用“折线工具”绘制叶子效果。单击“填充工具”中的“均匀填充”按钮，设置颜色为（C:100, M:0, Y:100, K:0），效果如图 4-33 所示。接着绘制叶子的细节部分，单击“填充工具”中“均匀填充”按钮，设置颜色为（C:100, M:30, Y:100, K:0）、（C:50, M:0, Y:80, K:0），效果如图 4-34 所示。

图 4-33　设置树叶效果

图 4-34　设置树叶细节效果

（3）选择“文本工具”，输入文字“圣诞大回馈”，设置文字的字体为“方正少儿”、字号为“60 pt”、填充颜色为（C:0, M:0, Y:0, K:0），将文字倾斜，选中文字，选择

“阴影工具”，设置文字阴影效果，如图 4-35 所示，文字最终效果如图 4-36 所示。

图 4-35　设置文字阴影

图 4-36　文字效果

3）制作卡通电视机

（1）绘制电视机轮廓。选择“贝塞尔工具”，绘制路径，如图 4-37 所示，并填充颜色，选择“填充工具”，设置颜色为（C:2,M:1,Y:27,K:0），效果如图 4-38 所示。

图 4-37　绘制路径

图 4-38　填充颜色

（2）选择“网状填充工具”，设置网格的行数和列数 5 4 矩形，将网格中边缘需要改变颜色的点选中，如图 4-39 所示，设置较深的颜色，效果如图 4-40 所示。

（3）绘制电视机边缘。选择“椭圆工具”，在电视机轮廓上方绘制两个圆，选择“贝塞尔工具”，在电视机下方绘制底座，如图 4-41 所示。

（4）选择电视机上方的两个圆，打开“均匀填充”对话框，设置颜色为（C:32,M:47,Y:91,K:0），如图 4-42 所示。继续填充电视机下方的两个脚，打开“渐变填充”对话框，选择“类型”为“线性”，设置“颜色调和”为“自定义”，位置“(0)”的颜色为（C:0,

M:20,Y:60,K:20)、位置“(71)”的颜色为(C:0,M:60,Y:60,K:40)、位置“(100)”的颜色为(C:0,M:60,Y:60,K:40)，单击“确定”按钮。去掉轮廓线，渐变填充效果如图4-43所示。

图4-39　网状填充设置

图4-40　填充效果

(5) 绘制屏幕内部。选择“贝塞尔工具”，绘制路径，如图4-44所示，并填充颜色，选择“填充工具”，设置颜色为(C:10,M:13,Y:57,K:0)。选择“透明度工具”，设置透明度属性，效果如图4-45所示。

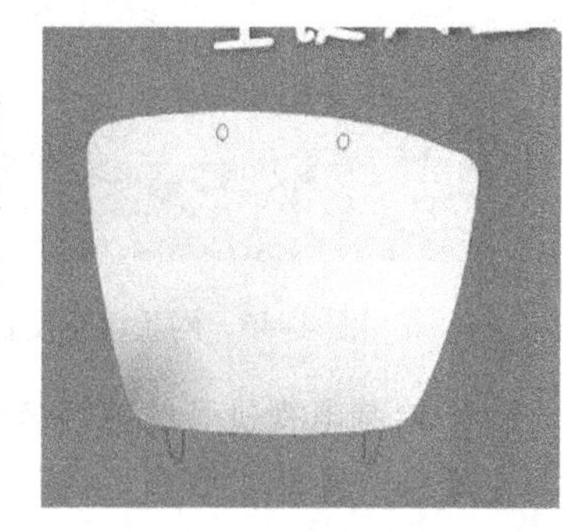

图4-41　绘制路径

(6) 绘制屏幕内部。选择“贝塞尔工具”，绘制路径，并填充颜色，选择“填充工具”，设置颜色为(C:30,M:0,Y:10,K:0)，选择“网状填充工具”，设置网格的行数和列数，将网格中边缘需要改变颜色的点选中，如图4-46所示，设置较深的颜色，效果如图4-47所示。

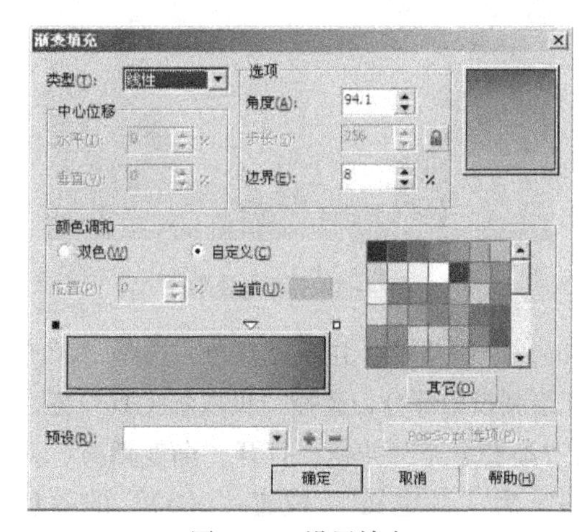

图4-42　设置填充

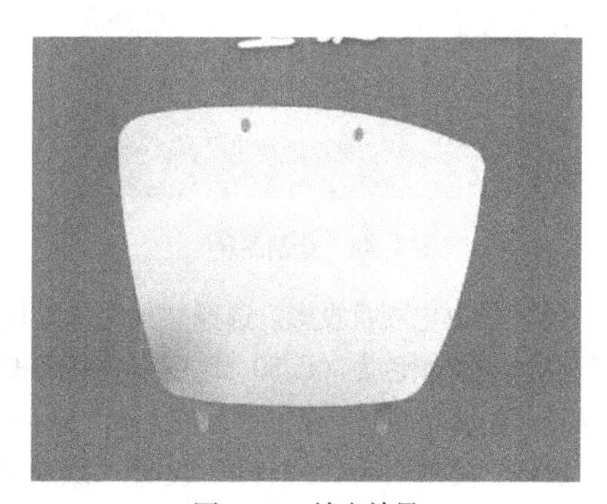

图4-43　填充效果

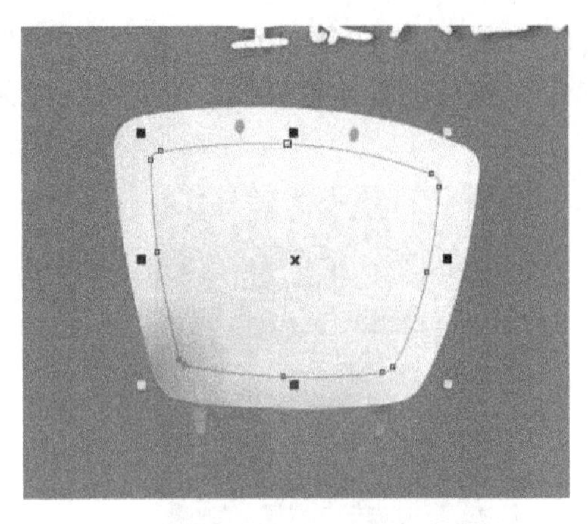

图 4-44　绘制路径设置

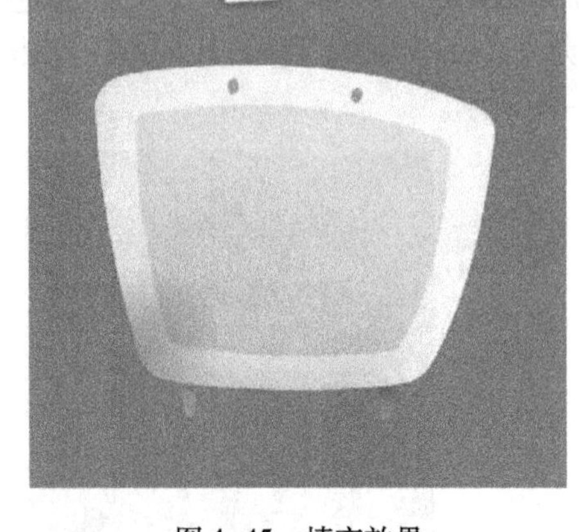

图 4-45　填充效果

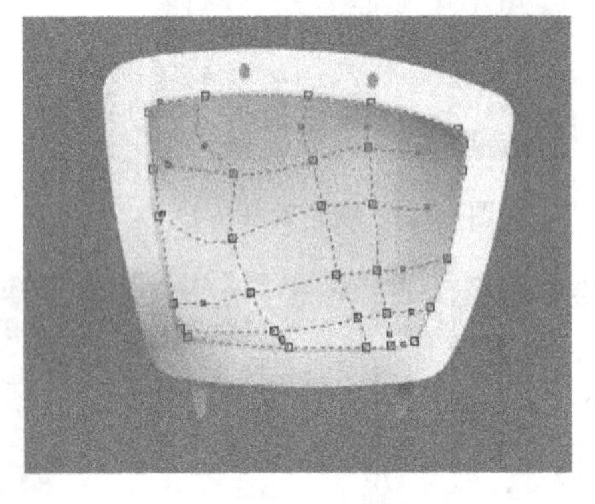

图 4-46　网状填充设置

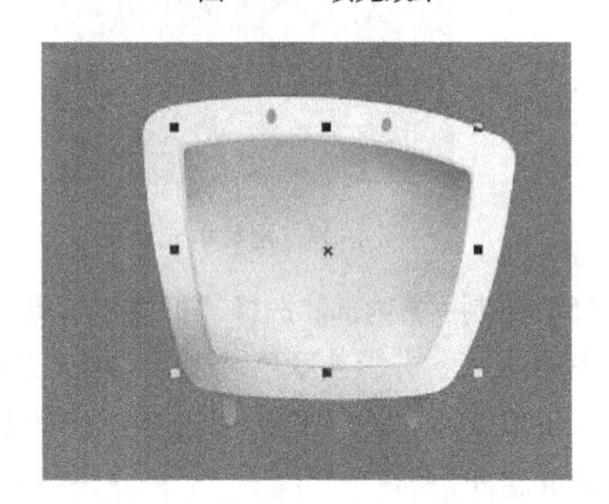

图 4-47　填充效果

（7）绘制电视机旁的翅膀装饰。选择“贝塞尔工具”，绘制路径，如图 4-48 所示，并填充颜色，选择“填充工具”，设置颜色为（C:40,M:5,Y:10,K:0），效果如图 4-49 所示。

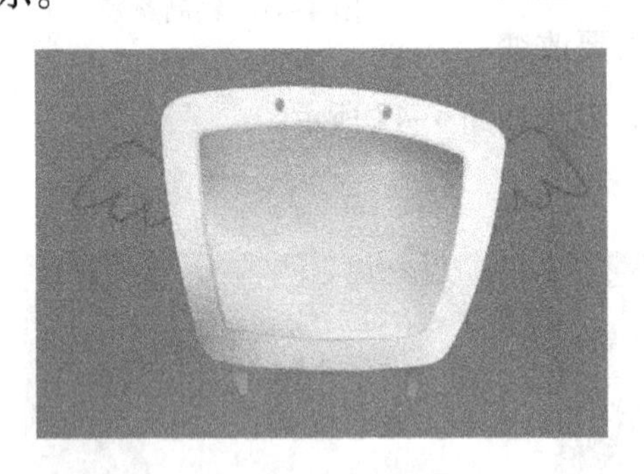

图 4-48　绘制路径

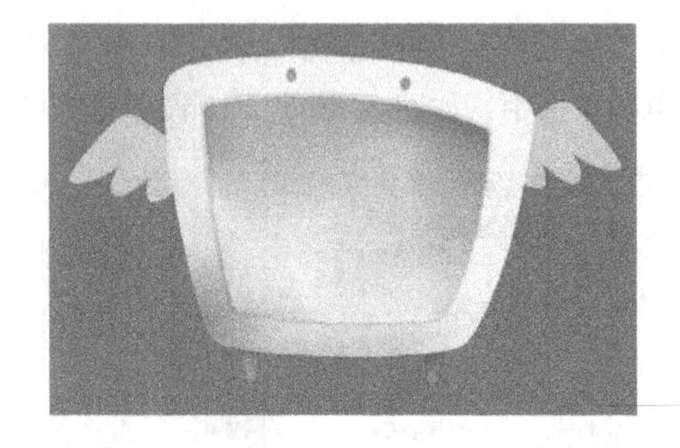

图 4-49　填充效果

（8）绘制电视机投影。选择“贝塞尔工具”，绘制路径，并填充颜色，选择“填充工具”，设置颜色为（C:80,M:33,Y:100,K:0），绘制投影部分，选择“贝塞尔工具”，绘制路径，并填充颜色，单击“填充工具”中的“渐变填充”按钮，打开“渐变填充”对话框，选择“类型”为“线性”，设置“颜色调和”为“自定义”，位置“（0）”的颜色为（C:45,M:0,Y:75,K:0）、位置“（100）”的颜色为（C:67,M:25,Y:100,K:0），单击“确定”

按钮，最后去掉轮廓线，渐变填充设置如图 4-50 所示，效果如图 4-51 所示。

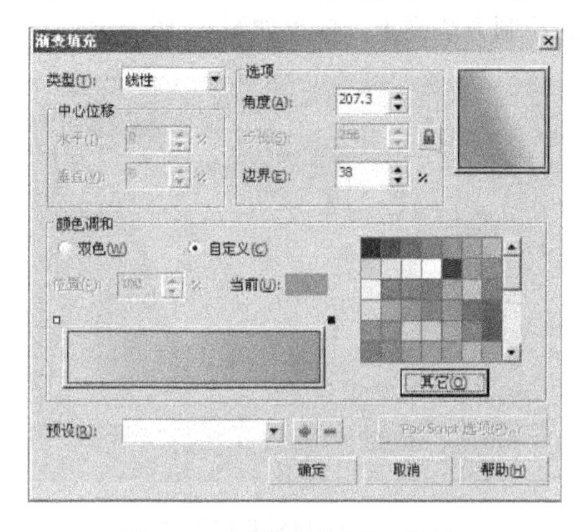

图 4-50　“渐变填充”对话框

图 4-51　填充电视机投影效果

（9）使用“折线工具”绘制小草。单击“填充工具”中的“渐变填充”按钮，打开“渐变填充”对话框，选择“类型”为“线性”，设置“颜色调和”为“自定义”，位置“（0）”的颜色为（C:5,M:0,Y:69,K:0）、位置“（100）”的颜色为（C:48,M:0,Y:96,K:0），单击“确定”按钮，最后去掉轮廓线，渐变填充设置如图 4-52 所示，效果如图 4-53 所示。

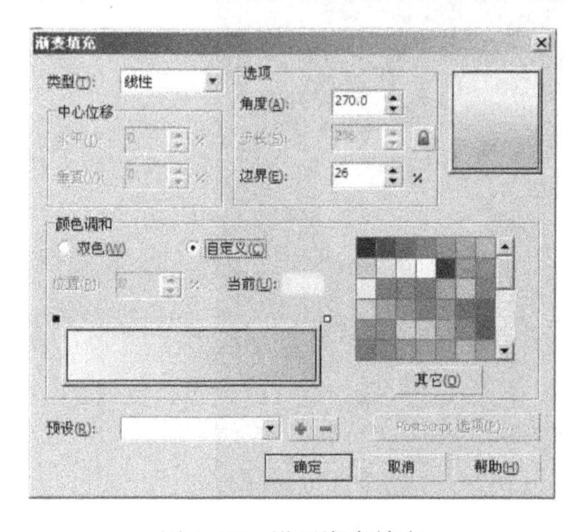

图 4-52　设置渐变填充

图 4-53　完成小草的绘制

（10）绘制电视机花纹装饰。选择“贝塞尔工具”，绘制路径，并填充颜色，选择“填充工具”，设置颜色为（C:0,M:0,Y:0,K:0），效果如图 4-54 所示。

（11）绘制彩虹装饰。选择“贝塞尔工具”，绘制路径，并填充颜色，单击“填充工具”中的“渐变填充”按钮，打开“渐变填充”对话框，选择“类型”为“线性”，设置“颜色调和”为“自定义”，位置“（0）”的颜色为（C:0,M:

图 4-54　花纹装饰效果

27,Y:42,K:0)、位置“(100)”的颜色为(C:2,M:0,Y:27,K:0),单击“确定”按钮,最后去掉轮廓线,效果如图4-55所示。其他彩虹条的绘制方法同上,效果如图4-56所示。

图4-55 设置一条彩虹

图4-56 设置彩虹效果

4)制作麋鹿图案

(1)选择“贝塞尔工具”,绘制路径,如图4-57所示,并填充颜色,选择“填充工具”,设置颜色为(C:0,M:0,Y:0,K:90),效果如图4-58所示。

图4-57 绘制鹿角路径

图4-58 填充效果

(2)选择“贝塞尔工具”,绘制路径,如图4-59所示,并填充颜色,选择“填充工具”,设置麋鹿头上的颜色为(C:0,M:20,Y:60,K:20),填充麋鹿鼻子上的颜色,设置颜色为(C:0,M:80,Y:40,K:0),效果如图4-60所示。

(3)绘制麋鹿的眼睛。选择“椭圆工具”,在工作区里绘制两个圆形作为眼睛,单击“填充工具”中的“均匀填充”按钮,打开“均匀填充”对话框,设置颜色为(C:0,M:0,Y:0,K:100)。接下来完成嘴巴等部位的设计效果,选择“贝塞尔工具”,绘制路径,并填充颜色,选择“填充工具”,设置颜色为(C:0,M:0,Y:0,K:90)、(C:0,M:20,Y:40,K:40),填充效果如图4-61所示。麋鹿绘制完成后,将其选中并进行群组。

（4）绘制麋鹿身体。选择“贝塞尔工具”，绘制路径，并填充颜色，选择“填充工具”，设置颜色为（C:0,M:0,Y:0,K:90）、（C:0,M:20,Y:60,K:20），填充效果如图4-62所示。麋鹿绘制完成后，将其选中并进行群组。

图4-59　绘制头部路径

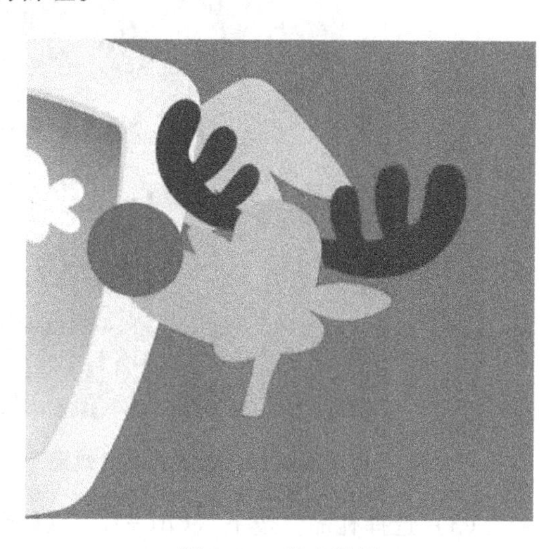

图4-60　填充效果

图4-61　头部细节部分制作

图4-62　麋鹿身体制作

5）制作剩余部分

（1）绘制礼品盒。选择“矩形工具”，在工作区里绘制长方形，单击“填充工具”中的“均匀填充”按钮，打开“均匀填充”对话框，设置颜色为（C:0,M:80,Y:40,K:0）、（C:0,M:20,Y:40,K:0），选择“贝塞尔工具”，绘制路径，并填充颜色，选择“填充工具”，设置颜色为（C:0,M:0,Y:4 0,K:40）、（C:0,M:20,Y:40,K:40），填充效果如图4-63所示。礼品盒绘制完成后，将其选中并进行群组。

（2）导入项目4\案例2\素材文件夹中的“礼品”，调整好大小后放置在如图4-64所示的位置。

图 4-63　设置礼品盒效果

图 4-64　导入素材

（3）选择礼品，按下〈Ctrl + C〉、〈Ctrl + V〉组合键，原位复制一张图片，调整位置及大小，效果如图 4-65 所示。

（4）导入项目 4\ 案例 2\ 素材文件夹中的“铅笔”，调整好大小后放置在如图 4-66 所示的位置。

图 4-65　复制素材

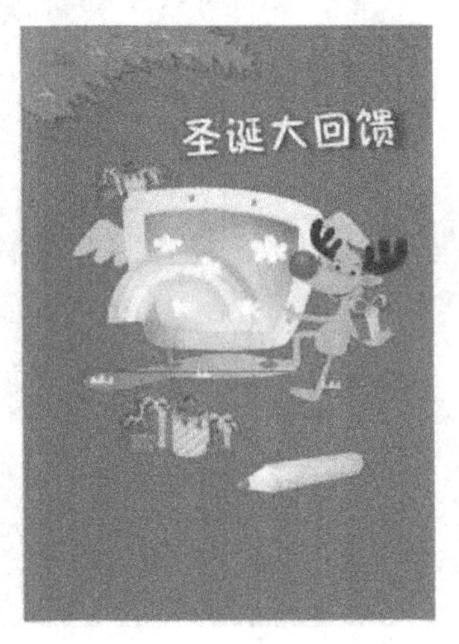

图 4-66　导入素材

（5）绘制下方区域。选择“矩形工具”，在工作区里绘制长方形，并设置圆角 5.0 mm 5.0 mm 5.0 mm 5.0 mm，打开“均匀填充”对话框，设置颜色为（C:45,M:5,Y:22,K:0）。选择“文本工具”，输入文字“文华英语”，设置文字的字体为“方正综艺简体”、字号为“48pt”、填充颜色为（C:0,M:0,Y:0,K:100），导入项目 4\ 案例 2\ 素材文件夹中的“太阳”，调整到合适的大小后放置在合适的位置，选择“效果”→“图框精确剪裁”→“置于图文框内部”命令，效果如图 4-67 所示。

（6）绘制下方区域。选择“矩形工具”，在工作区里绘制长方形，并设置圆角，打开“均匀填充”对话框，设置颜色为（C:0,M:0,Y:0,K:0）。选择“文本工具”字，输入相关文字，设置文字的字体为“黑体”，调整至合适的大小后放置在合适的位置，最后选择“矩形工具”□，绘制横线，设置颜色为（C:0,M:0,Y:0,K:100），效果如图4-68所示。

图4-67　文字效果

图4-68　最终效果

4.3　任务3：创意海报设计

一个好的创意海报设计往往能够获得非常好的人气和宣传效果，特别是一些在创意海报设计方面有创意的作品，更能够吸引更多眼球。好的设计方法是将某产品或主题直接如实地展示在广告版面上，充分运用摄影或绘画等技巧的写实表现能力。设计创意宣传海报还要注意宣传的方式和方法，以及在创意宣传海报设计中应找到良好的切入点，这就要求进行创意宣传海报设计时一定要十分注意画面上产品的组合和展示角度，应着力突出产品的品牌和产品本身最容易打动人心的部位，运用色光和背景进行烘托，使产品置身于一个具有感染力的空间，这样才能增强广告画面的视觉冲击力。

图4-69　创意海报设计

本节将主要运用CorelDRAW X6软件中的“贝塞尔工具”“轮廓笔工具”和“透明度工具”完成如图4-69所示的创意海报设计。

4.3.1　使用图框精确裁剪

1. 图框精确剪裁效果

作用：将一个图形置于另一个图形容器中。

注意：
图形容器必须是封闭的曲线。如：圆形、矩形、封闭的曲线对象或美术文本。

1）置于容器内

（1）选中放置在容器中的对象，选择“效果”→“图框精确剪裁”→“置于容器内”命令，此时鼠标变成“➡”状态，用鼠标单击作为容器的对象即可（可以是位图或矢量图）。

（2）用鼠标右键按住图形对象不放，拖入作为容器的对象，释放鼠标右键后选择“置入图框精确剪裁”命令即可，如图 4-70 所示。

2）编辑内容（按住〈Ctrl〉键单击编辑图形）

选择“效果”→“图框精确剪裁”→“编辑内容”命令，对放置在容器中的对象进行编辑操作，以达到用户满意的效果，如图 4-71 所示。

图 4-70　置于容器内

图 4-71　编辑内容

3）结束编辑（按住〈Ctrl〉键单击桌面）

选择“效果”→“图框精确剪裁”→“结束编辑”命令，即可结束编辑，如图 4-72 所示。

4）提取内容

选择“效果”→“图框精确剪裁”→“提取内容”命令，将已经放入容器内的图形对象释放出来，如图 4-73 所示。

图 4-72　结束编辑

图 4-73　提取内容

2. 将复杂内容作为容器

作用：可以对一幅图片进行分割，利用网格和螺旋线作为容器，如图 4-74、图 4-75 所示。

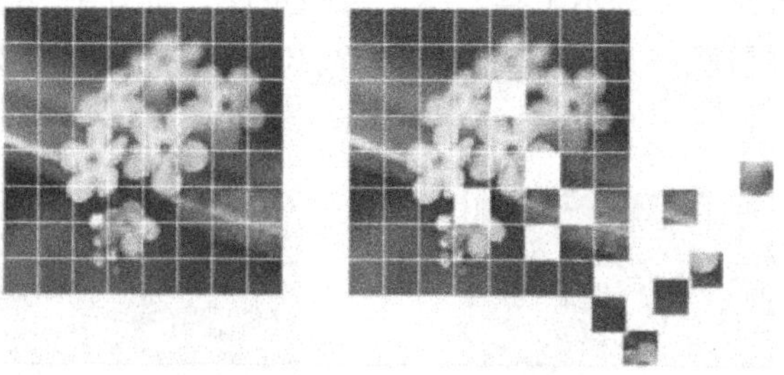

图 4-74　利用网格作为容器

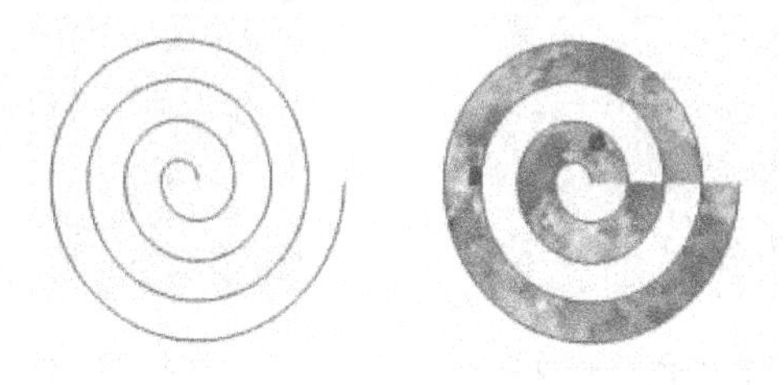

图 4-75　利用螺旋线作为容器

4.3.2　创意海报制作步骤

1. 设计思路

设计创意海报必须有独特的版式。海报版式设计由图形、色彩、文字三大编排元素组成，图文编辑在海报设计中尤为重要，它是海报设计语言、设计风格的重要体现。对于设计师来说，海报设计绝对是一件激动人心的事情，因为海报的表现形式多种多样，题材广阔，限制较少，强调创意及视觉语言，点、线、面、图片和文字可以灵活应用，而且也注重平面构成及颜色构成。可以说，海报设计是平面设计的集大成者。

2. 技术剖析

该案例中，主要运用 CorelDRAW X6 软件中的“贝塞尔工具”和“文本工具”完成创意海报的设计。完成该宣传海报的绘制首先需要设计背景，使用“贝塞尔工具”“轮廓笔工具”“透明度工具”来绘制咖啡壶、茶杯等效果；再结合“文本工具”、版式编排，将创意设计呈现在我们眼前。效果如图 4-76 所示。

图 4-76　创意海报设计

3. 操作步骤

1）创建新文档并保存

（1）启动 CorelDRAW X6 后，新建一个文档，默认纸张大小为 A4。

（2）单击页面左上方的“文件”按钮，在下拉菜单中选择“另存为”命令，以“创意海报”为文件名保存。

2）制作宣传页

（1）选择“矩形工具”，在工作区里绘制大小合适的矩形。打开“填充工具” 中的“均匀填充”对话框，设置颜色为（C:39,M:96,Y:100,K:5），效果如图4-77所示。

（2）绘制轮廓。选择“贝塞尔工具”，绘制路径，如图4-78所示，并填充颜色，选择“填充工具”，设置颜色为（C:59,M:82,Y:100,K:43），效果如图4-79所示。

图4-77 设置颜色填充效果

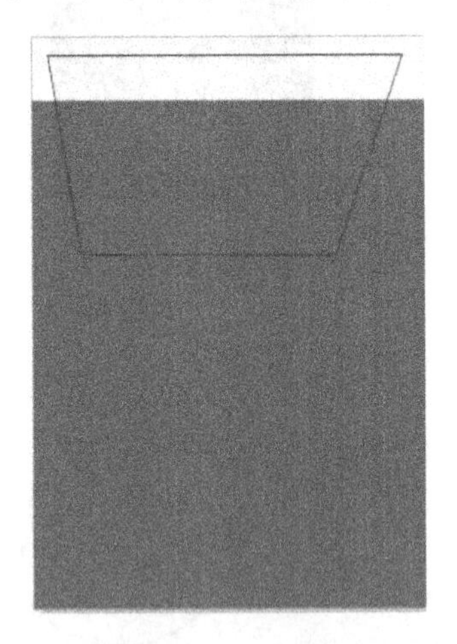
图4-78 绘制路径

（3）继续绘制轮廓。选择“贝塞尔工具”，绘制路径，如图4-80所示，并填充颜色，选择“填充工具”，设置颜色为（C:0,M:60,Y:80,K:0），效果如图4-81所示。

图4-79 填充颜色

图4-80 绘制路径

（4）用相同的方法，继续绘制轮廓。选择“贝塞尔工具”，绘制路径，并填充颜色，选择“填充工具”，设置颜色为（C:0,M:53,Y:59,K:0），效果如图4-82所示。继续选择“贝塞尔工具”，绘制路径，并填充颜色，选择“填充工具”，设置颜色为（C:58,M:87,Y:100,K:47），效果如图4-83所示。

（5）选择“两点线工具”，绘制4条直线，如图4-84所示，选择“轮廓笔工具”，设置轮廓笔参数，参数设置如图4-85所示，效果如图4-86所示。

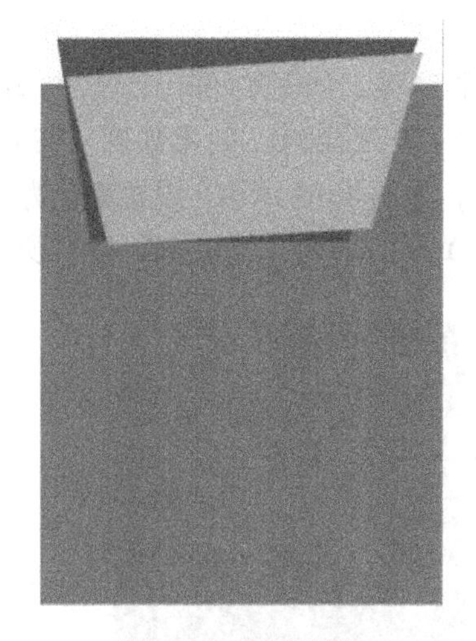

图 4-81　填充颜色

图 4-82　绘制路径并填充颜色

图 4-83　填充颜色

图 4-84　绘制直线

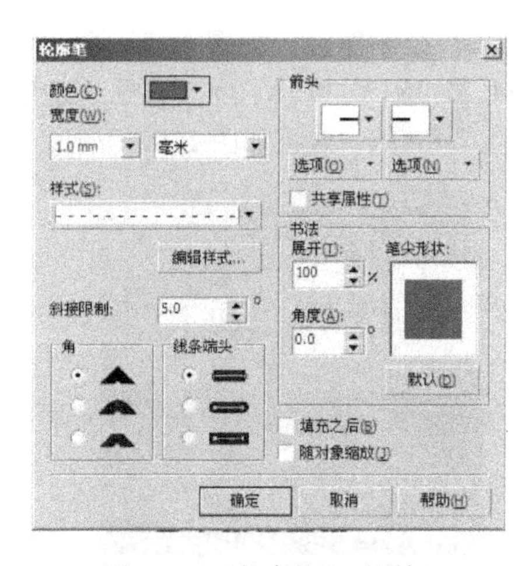

图 4-85　“轮廓笔”对话框

图 4-86　设置轮廓笔效果

3）制作咖啡壶

（1）绘制边缘。选择“贝塞尔工具”，绘制路径，如图4-87所示，并填充颜色，选择“填充工具”，设置颜色为（C:100,M:75,Y:79,K:60），效果如图4-88所示。依照上述方法，继续使用“贝塞尔工具”，绘制路径，如图4-89所示，设置颜色为（C:13,M:0,Y:37,K:0）、（C:18,M:25,Y:27,K:0）、（C:59,M:65,Y:80,K:19），效果如图4-90所示。

图4-87　绘制路径

图4-88　填充颜色

图4-89　绘制路径

图4-90　填充颜色

（2）继续绘制细节。选择“贝塞尔工具”，绘制路径，如图4-91所示，并填充颜色，选择“填充工具”，设置颜色为（C:24,M:18,Y:17,K:0），选择“透明度工具”，设置透明度参数属性，效果如图4-92所示。

图4-91　绘制路径

图4-92　填充颜色并设置透明度

（3）绘制咖啡壶内部及手柄。选择“贝塞尔工具”，绘制路径，如图4-93所示，并填充颜色，选择“填充工具”，设置颜色为（C:2,M:4,Y:73,K:0）、（C:82,M:82,Y:94,K:73）、（C:71,M:80,Y:88,K:58）、（C:67,M:67,Y:82,K:32），效果如图4-94所示。

图4-93　绘制路径

图4-94　填充效果

（4）绘制咖啡壶颈部及咖啡。选择“贝塞尔工具”，绘制路径，如图4-95所示，并填充颜色，选择“填充工具”，设置颜色为（C:82,M:78,Y:76,K:58）、（C:80,M:85,Y:94,K:72）、（C:56,M:52,Y:70,K:2），效果如图4-96所示。继续选择“贝塞尔工具”，绘制路径，如图4-97所示，设置颜色为（C:64,M:91,Y:100,K:60）、（C:36,M:28,Y:27,K:0）、（C:56,M:91,Y:85,K:40），选择咖啡明暗交界处的色块，单击“透明度工具”，设置透明度参数属性，效果如图4-98所示。

图4-95　设置路径

图4-96　填充效果

（5）绘制光线效果。选择“贝塞尔工具”，绘制路径，如图4-99所示，并填充颜色，选择“填充工具”，设置颜色为（C:11,M:9,Y:9,K:0），单击“透明度工具”，设置透明度参数属性，效果如图4-100所示。

4）制作咖啡杯

（1）绘制咖啡杯轮廓。选择“贝塞尔工具”，绘制路径，如图4-101所示，并填充颜色，选择“填充工具”，设置颜色为（C:0,M:27,Y:42,K:0）、（C:11,M:9,Y:9,K:0），效果如图4-102所示。继续选择“贝塞尔工具”，绘制路径，如图4-103所示，设置颜色（C:56,M:91,Y:85,K:40）、（C:0,M:27,Y:42,K:0）、（C:0,M:0,Y:0,K:0），效果如图 4-104 所示。

图 4-97　设置路径

图 4-98　填充效果

图 4-99　绘制路径

图 4-100　填充效果

图 4-101　绘制路径

图 4-102　填充效果

图 4-103　绘制路径

图 4-104　填充效果

（2）绘制咖啡杯把手及杯碟。选择“贝塞尔工具”，绘制路径，如图 4-105 所示，并填充颜色，选择“填充工具”，设置颜色为（C:24,M:18,Y:17,K:0）、（C:11,M:9,Y:9,K:0），效果如图 4-106 所示。继续选择“贝塞尔工具”，绘制路径，如图 4-107 所示，设置颜色为（C:0,M:27,Y:42,K:0）、（C:24,M:18,Y:17,K:0）、（C:0,M:27,Y:42,K:0）、（C:0,M:0,Y:0,K:0），选择咖啡杯的背景处，单击“透明度工具”，设置透明度参数属性 ，效果如图 4-108 所示。

图 4-105　绘制路径

图 4-106　填充效果

图 4-107　绘制路径

图 4-108　填充效果

（3）绘制咖啡杯高光。使用“贝塞尔工具”，绘制路径，如图 4-109 所示，设置颜色为（C:0,M:100,Y:100,K:0）、（C:11,M:9,Y:9,K:0），选择杯子的红色部分，单击“透明度工具”，设置透明度参数属性，选择杯子的浅咖色部分，单击“透明度工具”，设置透明度参数属性，效果如图 4-110 所示。

图 4-109　绘制路径

图 4-110　填充效果

（4）按〈Ctrl + D〉组合键复制咖啡杯，选择属性栏中的“水平”镜像，将复制的咖啡杯放在合适位置上，效果如图 4-111 所示。

5）制作文字等

（1）选择“贝塞尔工具”，绘制路径，如图 4-112 所示，并填充颜色，选择“填充工具”，设置颜色为（C:4,M:0,Y:49,K:0），效果如图 4-113 所示。

图 4-111　复制咖啡杯

图 4-112　绘制路径

（2）选择“文本工具”，输入文字“手工现调咖啡”，设置文字的字体为“华康海报体”、字号为“48 pt”、填充颜色为（C:0,M:0,Y:0,K:100），放置在合适的位置，效果如图 4-114 所示。

（3）选择“文本工具”，输入文字“coffe shop”，设置文字的字体为“broadway BT”、字号为“100 pt”、填充颜色为（C:0,M:0,Y:40,K:0）、（C:0,M:40,Y:60,K:20），放置在合适的位置，效果如图 4-115 所示。

（4）绘制咖啡热气效果。选择“贝塞尔工具”，绘制路径，如图 4-116 所示，并填充颜色，选择“填充工具”，设置颜色为（C:0,M:0,Y:0,K:0），设置透明度参数属性，同样对热气复制并镜像，效果如图 4-117 所示。

图 4-113　填充效果

图 4-114　设置文字

图 4-115　设置文字

图 4-116　绘制路径

（5）完成剩余文字的制作。选择“文本工具” 字，输入相关咖啡名字，设置文字的字体为“华康海报体”、字号为“36 pt”、填充颜色为（C:0，M:0，Y:60，K:0），放置在合适的位置，最终效果如图 4-118 所示。

图 4-117　填充效果

图 4-118　最终效果

4.4 习题

1. 选择题

（1）两次单击一个物体后，可以拖动它四角的控制点进行________。

A. 移动　　B. 缩放　　C. 旋转　　D. 推斜

（2）框选多个对象，执行对齐命令，结果是________。

A. 以最下面的对象为基准对齐　　B. 以最上面的对象为基准对齐

C. 以最后选取的对象为基准对齐　　D. 以最先选取的对象为基准对齐

（3）对对象 A 执行“复制”命令，得到对象 B，再对对象 B 进行“再制”得到对象 C，现改变对象 A 填充属性，结果是________。

A. ABC 填充效果一起变　　B. B 变 C 不变

C. B、C 都不变　　D. C 变 B 不变

2. 简答题

（1）简述 CorelDRAW 中“复制”与“再制”命令有什么区别？

（2）如何使用“复制”命令？

（3）如何将 . psd 文件导入 CorelDRAW 中？

项目5　特殊效果的编辑

本项目要点：

- 熟练掌握“交互式调和工具”的基本操作。
- 熟练掌握交互式轮廓图、交互式变形、交互式阴影工具的使用。
- 熟练掌握交互式封套、交互式立体化、交互式透明工具的使用。
- 了解交互式工具组的使用方法和思路。

5.1　任务1：制作梦幻线条

线条是最能表达情绪的设计元素，有规律的线条具有强烈的节奏与韵律，结合渐变的色彩具有强烈的视觉冲击。本节将主要运用CorelDRAW X6软件的“贝塞尔工具”“交互式调和工具”进行梦幻线条的绘制，介绍梦幻线条的设计思路与制作方法，如图5-1所示。

图5-1　梦幻线条

5.1.1　交互式调和效果

调和是矢量图中一个非常重要的功能，使用调和功能，可以在矢量图形对象之间产生形状、颜色、轮廓及尺寸上的平滑变化。使用“交互式调和工具”可以快捷地创建调和效果，“交互式调和工具”属性栏如图5-1所示。

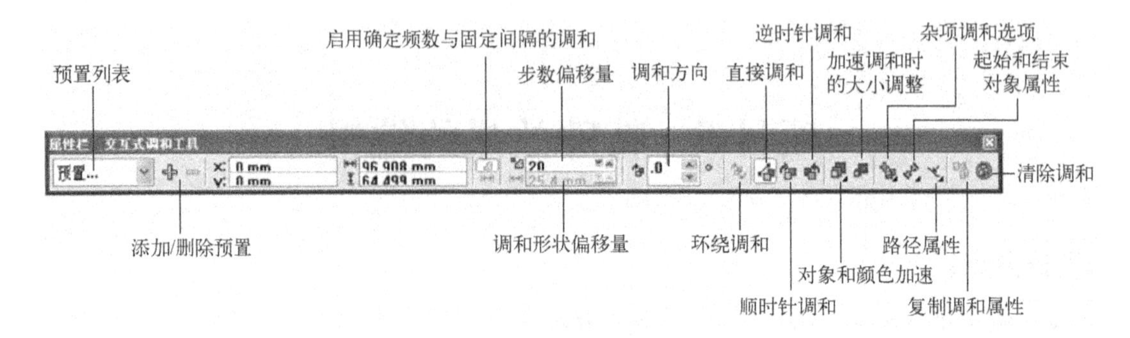

图 5-2 “交互式调和工具”属性栏

（1）先绘制两个用于制作调和效果的对象。

（2）在工具箱中选择“交互式调和工具”。

（3）在调和的起始对象（如：五角星）上按住鼠标左键不放，然后拖动到终止对象（如：菱形）上，释放鼠标即可，如图 5-3 所示。

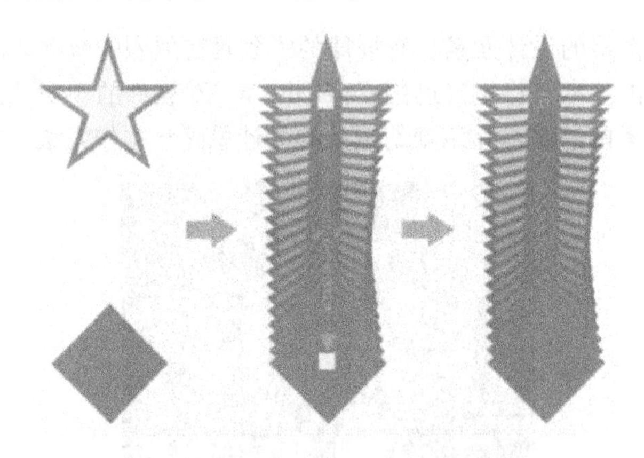

图 5-3 使用调和工具后的效果

- 直线调和：选择“交互式调和工具”，选择第一个对象，拖动鼠标将其移动到另一个对象上，如图 5-4 所示。
- 沿路径调和：将对象沿路径进行调和，如图 5-5 所示。使用“形状工具”对路径进行编辑，从而调整调各种效果。使用“交互式调和工具”选择调和对象，然后在属性栏中单击“路径属性”按钮，在展开的菜单中选择“新建路径”命令。

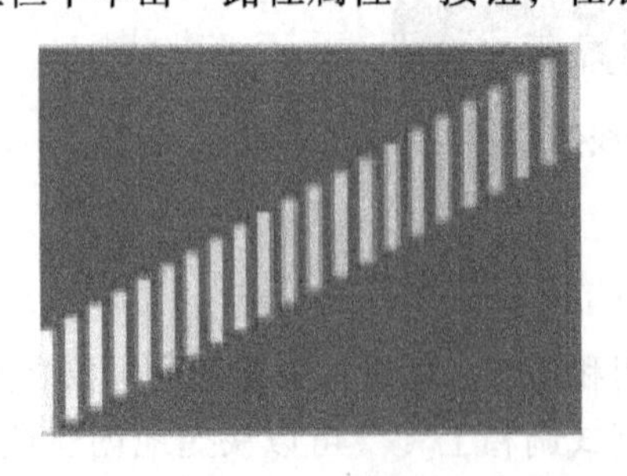

图 5-4 直线调和

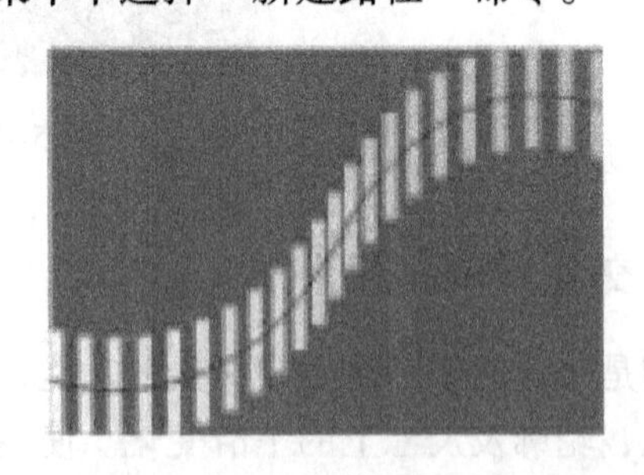

图 5-5 沿路径调和

- 编辑单个对象：全选对象，选择“排列”“拆分”命令，再取消组合。
- 复合调和：是指在多个对象间创建调和效果，从而实现多个对象间的渐变过渡效果，如图 5-6 所示。
- 拆分调和对象：是指将已创建调和效果的对象拆分，从而在调和对象中指定一个组成的元素，将其变成一个独立的对象，使用者可以对这些对象进行填充、变形等编辑处理，如图 5-7 所示。在属性栏中单击“杂项调和选项”按钮，在展开的选项中单击“拆分”按钮。

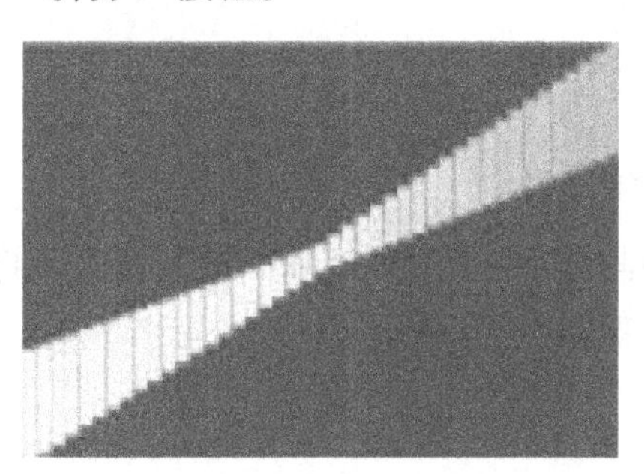

图 5-6　复合调和

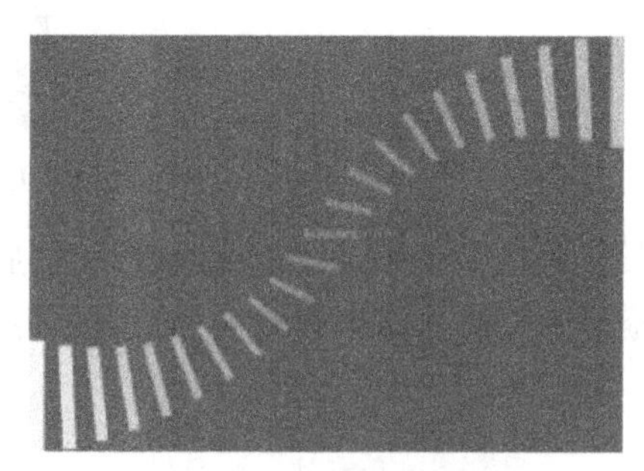

图 5-7　拆分调和对象

5.1.2　梦幻线条制作步骤

1. 设计思路

线条的变化体现了节奏与韵律，本案例通过将像蝴蝶翅膀一样造型线条对称排列，结合渐变的色彩体现一种梦幻的效果。

2. 技术剖析

该案例中，主要运用 CorelDRAW X6 软件中的“贝塞尔工具”“交互式调和工具”进行梦幻线条的绘制，效果如图 5-8 所示。

3. 制作步骤

（1）选择“贝塞尔工具”，在工作区域绘出轮廓。复制该轮廓，等比例缩小并调整到合适的位置，如图 5-9 所示。

图 5-8　梦幻线条

图 5-9　绘制轮廓

（2）选择“交互式调和工具”，从大的轮廓往小的轮廓拖动，将调和步长设为 20，交互式调和效果如图 5-10 所示。

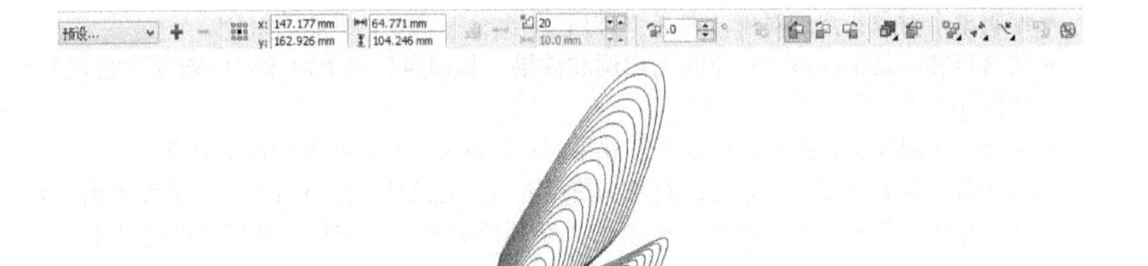

图 5-10　交互式调和效果

（3）按〈Ctrl + A〉组合键全选。然后选择“排列”→“拆分调和群组”命令，将调和部分拖出来，删除原来画的大小轮廓，拆分后效果如图 5-12 所示。

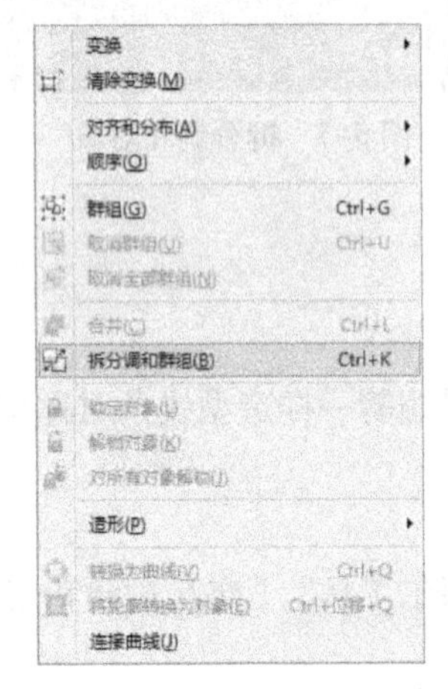

图 5-11　“拆分调和群组”命令

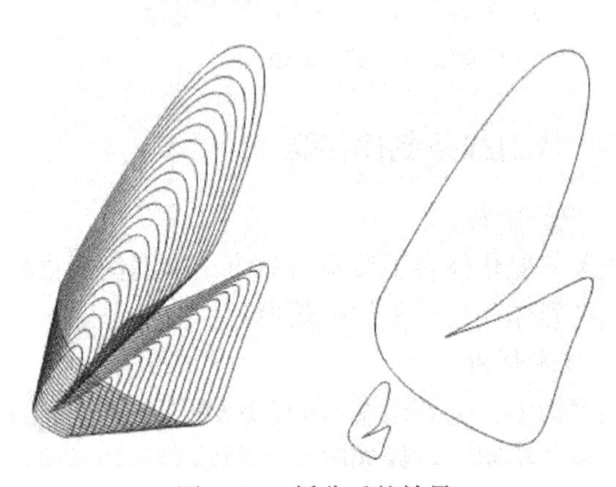

图 5-12　拆分后的效果

（4）接着选择“排列”→“取消群组”命令，如图 5-13 所示，再次选择“排列”→“将轮廓转换为对象”命令，如图 5-14 所示。

图 5-13　取消群组

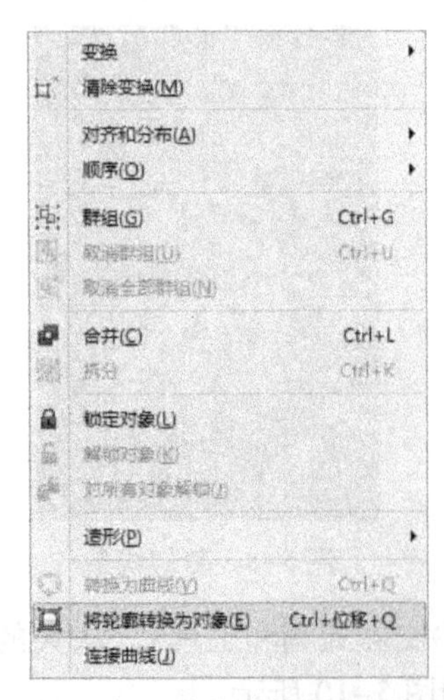

图 5-14　将轮廓转换为对象

（5）保持全选状态，单击“渐变填充”按钮，弹出如图 5-15 所示的对话框（可以根据个人喜好定义），完成设置后，单击“确定”按钮，渐变填充效果如图 5-16 所示。

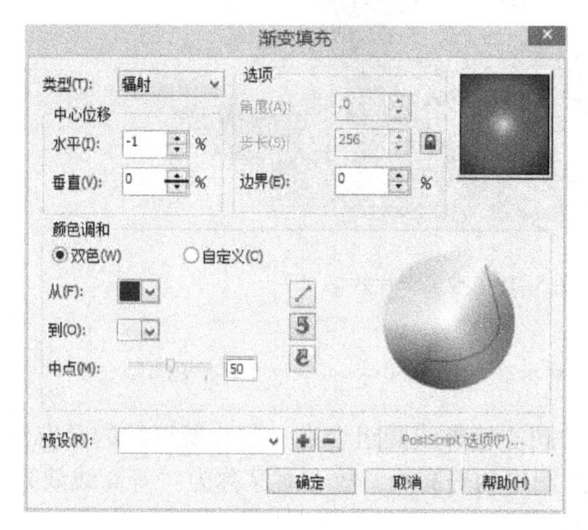

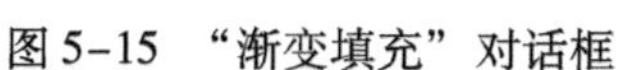
图 5-15 “渐变填充”对话框

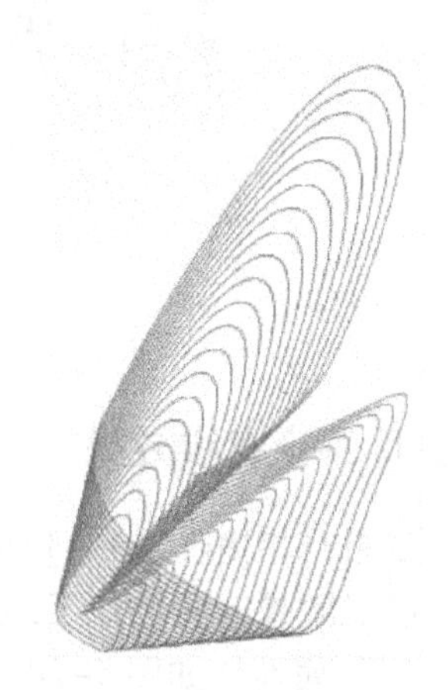
图 5-16 渐变填充效果

（6）复制 3 个对象，调整到合适的位置，如图 5-17 所示，然后分别对每个梦幻线条进行渐变填充，最终效果就完成了。将梦幻线条放置在黑色背景上效果更为明显，如图 5-18 所示。

图 5-17 复制并调整

图 5-18 添加黑色背景

5.2 任务 2：制作唯美卡片

情人节即每年的 2 月 14 日，是西方的传统节日之一。而在中国，传统节日之一的七夕节也是姑娘们重视的日子，因而被称为中国的情人节。在情人节的习俗中，鲜花和巧克力是庆祝时必不可少的，这是男性送女性最经典的礼物，表明专一、情感和活力。玫瑰代表爱情是众所周知的，但不同颜色、朵数的玫瑰还另有吉意。在希腊神话中，玫瑰就是美神的化身。该案例中，用玫瑰花元素，搭配粉红的色调，表现爱和浪漫的寓意，如图 5-19 所示。

图 5-19　唯美卡片效果

5.2.1　交互式轮廓线效果

轮廓线效果是指由一系列对称的同心轮廓线圈组合在一起，所形成的具有深度感的效果。由于轮廓线效果有些类似于地形图中的等高线，故有时又称为“等高线效果”。“交互式轮廓线工具”属性栏如图 5-20 所示。

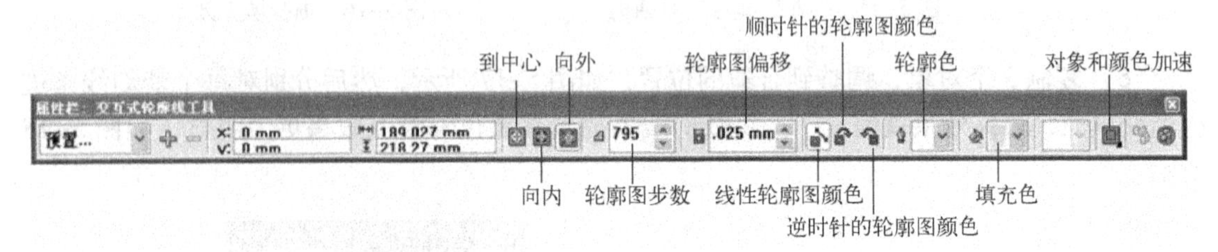

图 5-20　“交互式轮廓线工具”属性栏

轮廓线效果与调和效果相似，也是通过过渡对象来创建轮廓渐变的效果，但轮廓图效果只能作用于单个对象，而不能应用于两个或多个对象。

（1）选中欲添加效果的对象。

（2）在工具箱中选择“交互式轮廓线工具”。

（3）用鼠标向内（或向外）拖动对象的轮廓线，在拖动的过程中可以看到提示的虚线框。

（4）当虚线框达到满意的大小时，释放鼠标即可完成轮廓线效果的制作，如图 5-21 所示。

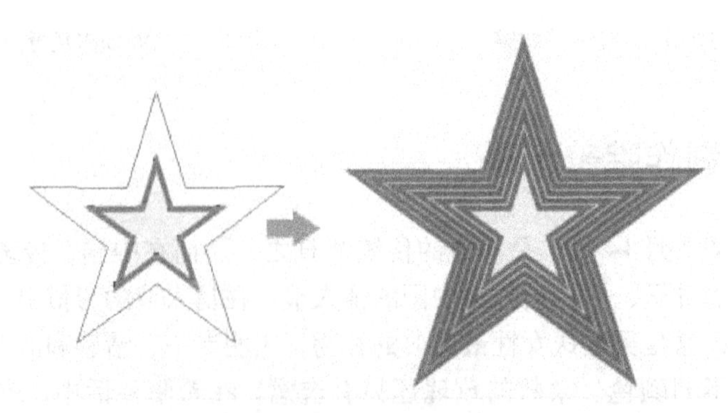

图 5-21　使用“交互式轮廓线工具”后的效果

5.2.2 交互式变形效果

变形效果是指不规则地改变对象的外观，使对象发生变形，从而产生令人耳目一新的效果。CorelDRAW 提供的“交互式变形工具”可以方便地改变对象的外观。通过该工具中的（推拉变形）、（拉链变形）和（缠绕变形）等3种变形方式的相互配合，可以得到变化无穷的变形效果。

- （推拉变形）：使对象的边缘向内推进，或者向外拉伸。
- （拉链变形）：使对象边缘产生锯齿状，就像拉开的拉链一样。
- （扭曲变形）：旋转扭曲对象从而产生漩涡状的效果。

（1）在工具箱中选择“交互式变形工具”。

（2）在属性栏中选择变形方式，有（推拉变形）、（拉链变形）或（缠绕变形）3种方式可选。

（3）将鼠标移动到需要变形的对象上，按住左键拖动鼠标到适当的位置，此时可看见蓝色的变形提示虚线。

（4）释放鼠标即可完成变形，如图5-22所示。

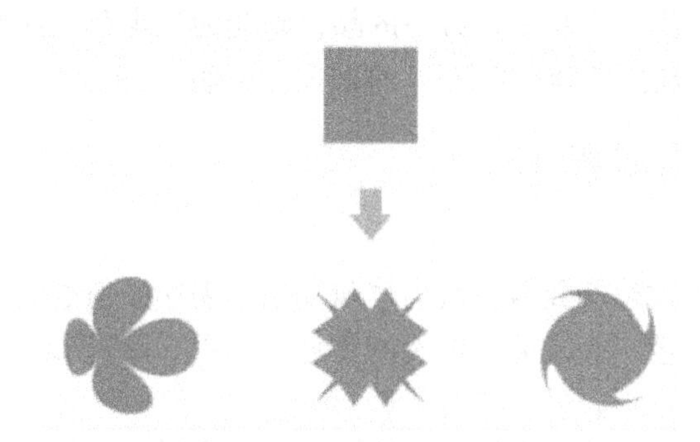

图5-22 相同节点及方向的推拉、拉链和缠绕变形效果

5.2.3 交互式阴影效果

阴影效果是指为对象添加下拉阴影，增加景深感，从而使对象具有逼真的外观效果。制作好的阴影效果与选定对象是动态链接在一起的，如果改变对象的外观，阴影也会随之变化。使用“交互式阴影工具”，可以快速地为对象添加下拉阴影效果。

（1）在工具箱中选择“交互式阴影工具”，如图5-23所示。

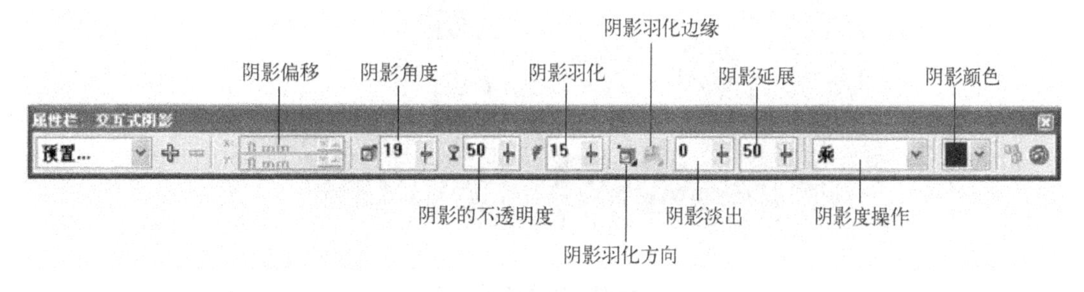

图5-23 “交互式阴影工具”属性栏

（2）选中需要制作阴影效果的对象。

（3）在对象上面按下鼠标左键，向阴影投映方向拖动鼠标，此时会出现对象阴影的虚线轮廓框。

（4）至适当位置，释放鼠标即可完成阴影效果的添加，如图 5-24 所示。

图 5-24　使用“交互式阴影工具”

拖动阴影控制线中间的调节钮，可以调节阴影的不透明程度。越靠近白色方块，不透明度越小，阴影越淡；越靠近黑色方块（或其他颜色），不透明度越大，阴影越浓。用鼠标从调色板中将颜色色块拖到黑色方块中，方块的颜色则变为选定色，阴影的颜色也会随之改变为选定色。要拆分阴影可选择“排列”→“打散阴影群组”命令。

5.2.4　唯美卡片的制作过程

1. 设计思路

设计唯美贺卡主要用玫瑰花元素，因为玫瑰是用来表达爱情的通用语言。玫瑰花颜色丰富，在整个色调上用粉红色，表现爱和浪漫的寓意，如图 5-25 所示。

2. 技术剖析

该案例中，使用 CorelDRAW X6 软件中的绘图工具绘制玫瑰花，用颜色来体现花朵的立体感，粉红色的玫瑰花表示爱的宣言、铭记于心、初恋等含义。用“交互式调和工具”绘制枝叶的颜色；用“文本工具”输入文字，包括段落文本、内置文本，并设置文本对齐方式来处理文字效果；然后用“交互式阴影工具”给贺卡添加投影，使整个画面体现情人节节日的主题。

图 5-25　唯美卡片效果

3. 制作步骤

1）创建新文档并保存

（1）启动 CorelDRAW X6，单击“新建”按钮，新建一个文档。

（2）在“文件”下拉菜单中选择“另存为”命令，以“情人节贺卡”为文件名保存。

（3）在属性栏中，设置贺卡纸张大小，宽度为 140 mm、高度为 200 mm。

2）绘制贺卡封面与封底

（1）选择“矩形工具”，绘制宽为 140 mm、高度为 100 mm 的矩形。用“选择工具”选取该矩形，在标准工具栏中单击“复制”按钮，再单击“粘贴”按钮，得到两个宽为 140 mm、高度为 100 mm 的矩形。

（2）用“选择工具”选取其中一个矩形，按住〈Shift〉键的同时选取另一个矩形，此时两个矩形被同时选中。

（3）选择菜单栏中的“排列”→“对齐与分布”命令，在“对齐与分布”面板中单击“左对齐”按钮，在“对齐对象到”中单击“页面边缘”按钮，如没有和页面完全对齐，再单击“顶端对齐”或“底端对齐”按钮，使两个宽为 140 mm、高度为 100 mm 的矩形与页面重合。如图 5-26 所示。

图 5-26 “对齐与分布”面板

（4）用“选择工具”选取上方的矩形，打开“渐变填充”对话框，选择“类型”为辐射，设置中心位移“水平”为 0、“垂直”为 0、“边界”为 0、“颜色调和”为“双色”，设置颜色为“从（F）”（C:0,M:56,Y:1,K:0）“到（O）”（C:0,M:18,Y:3,K:0）、“中点（M）”为 50，单击“确定”按钮，如图 5-27 所示。

（5）用“选择工具”选取下方的矩形，打开“均匀填充”对话框，设置填充颜色为（C:13,M:83,Y:20,K:0），单击“确定”按钮。删除轮廓线，封面封底颜色就填充好了，如图 5-28 所示。

（6）用“贝塞尔工具”绘制桃心形状，打开“均匀填充”对话框，设置填充颜色为（C:0,M:17,Y:0,K:0），单击“确定”按钮，删除轮廓线，如图 5-29 所示。

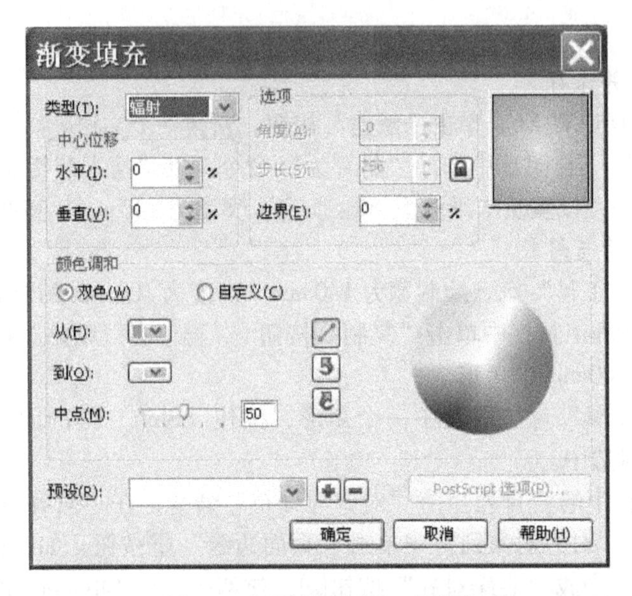

图 5-27 “渐变填充”对话框

图 5-28 填充底色

图 5-29 绘制桃心

（7）用“贝塞尔工具”绘制玫瑰花外形，如图 5-30 所示。用“选择工具”选中花瓣，设置填充颜色为（C:35,M:100,Y:47,K:0），单击“确定”按钮，效果如图 5-31 所示。

图 5-30 绘制玫瑰花

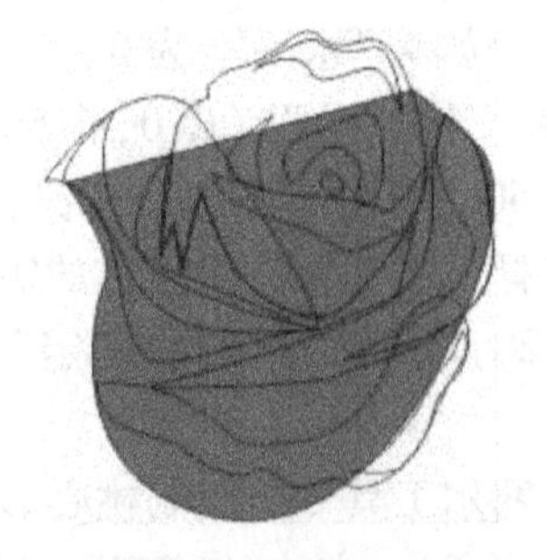

图 5-31 填充颜色一

（8）用“选择工具”选中其他花瓣，分别填充颜色（C:0,M:94,Y:9,K:0）和（C:0,M:38,Y:5,K:0），单击“确定”按钮。选择该图形，用鼠标右键单击软件界面右侧调色板最顶部的白色块“⊠”，删除图形轮廓线，效果如图 5-32 所示。

（9）用“贝塞尔工具”绘制枝叶，打开“渐变填充”对话框，选择“类型”为线性，设置“角度”为 110.3、“边界”为 4、“颜色调和”为“双色”，设置颜色为“从（F）”（C:68,M:0,Y:99,K:0）“到（O）”（C:20,M:14,Y:96,K:0）、“中点（M）”为 50，单击“确定”按钮。删除边框，效果如图 5-33 所示。

图 5-32　填充颜色二　　　图 5-33　绘制枝叶

（10）用“选择工具”选中小的叶子，设置填充颜色为（C:68,M:0,Y:99,K:0）；选中大点的叶子，设置填充颜色为（C:40,M:0,Y:100,K:0）。在工具栏中选择“交互式调和工具”，用鼠标选中小叶子，按住鼠标左键将其拖动到大叶子处，两个图形对象间出现调和效果，如图 5-34 所示。枝叶最终效果如图 5-35 所示。

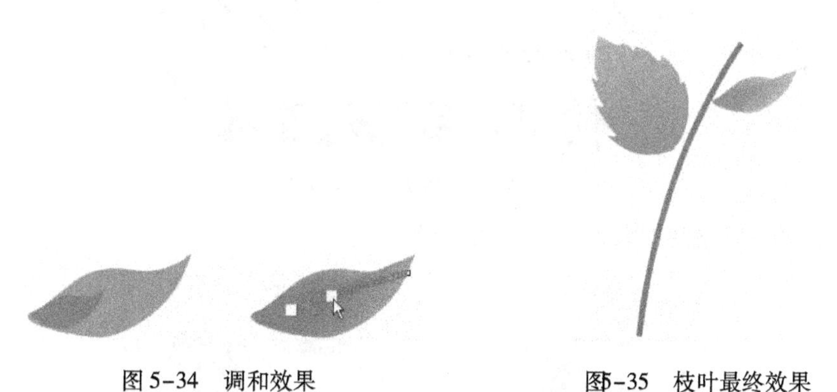

图 5-34　调和效果　　　图 5-35　枝叶最终效果

小提示

设置调和效果时，按住 Alt 键的同时拖动鼠标会沿手绘线条调和。

（11）将玫瑰花朵和枝叶进行复制（快捷键：〈Ctrl + C〉）并粘贴（快捷键：〈Ctrl + V〉），调整其大小，进行组合排列，在属性栏中单击“群组”按钮，将其放置在如图 5-36 所示位置。

（12）单击“文本工具”，将鼠标移动到绘图窗口中时，光标变成十字形状，单击左键光标变成闪烁的“I”形状，用键盘输入“Valentine's Day”字样。使用“选择工具”

图 5-36　将玫瑰花放置到画面中

选取“Valentine’s Day”文字，在“文本工具”属性栏中的字体下拉列表中选择 Bickham Script Two 字体，在字体大小下拉列表中选择“31”字号，设置文字填充颜色为黑色（C:0,M:0,Y:0,K:100）。输入“情人节”字样，使用“选择工具”选取“情人节”文字，在“文本工具”属性栏中的字体下拉列表中选择 华文行楷 字体，在字体大小下拉列表中选择“27”字号，设置文字填充颜色为红色（C:7,M:100,Y:100,K:0）。输入“2.14”字样，使用“选择工具”选取“2.14”文字，在“文本工具”属性栏中的字体下拉列表中选择 Broadway BT 字体，在字体大小下拉列表中选择“21”字号，设置文字填充颜色为黑色（C:0,M:0,Y:0,K:100）。如图 5-37 所示。

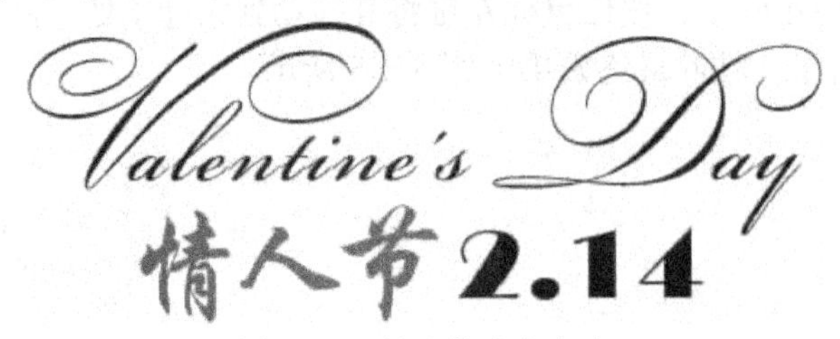

图 5-37　输入美术字文本

（13）将文字放置到如图 5-38 所示的位置。

图 5-38　将文字放置到画面中

（14）导入“桃心.png”图片素材，将其复制并粘贴，调整大小，和“2.14”文字组合放在一起，并群组。在属性栏中单击“垂直镜像”按钮，再单击“水平镜像”按钮，图形倒置如图5-39所示。将倒置后的图形放置在封底，封面、封底效果如图5-40所示。

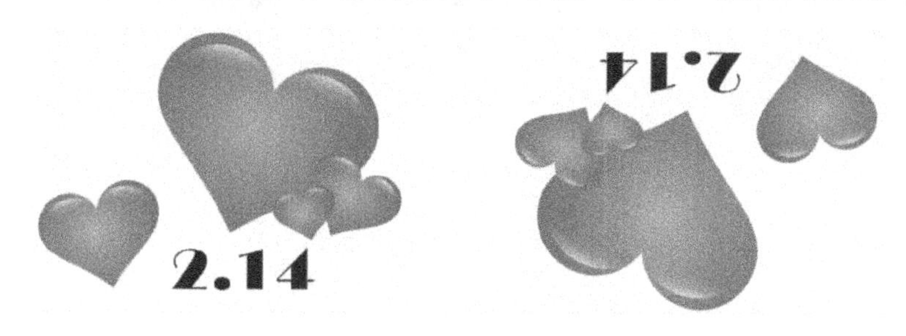

图5-39 调整图形方向

图5-40 封面封底效果

3）绘制贺卡内页

（1）在绘图窗口左下方的文档导航器中，单击按钮，如图5-41所示，添加页面2。

（2）选择“矩形工具”，绘制两个宽为140 mm、高度为100 mm的矩形。用“选择工具”同时选中两个矩形，选择菜单栏中的“排列”→“对齐与分布”命令，在“对齐与分布”面板中单击“左对齐”按钮，在“对齐对象到”中单击“页面边缘”按钮，如果没有和页面完全对齐，再单击“顶端对齐”按钮或“底端对齐”按钮，使两个宽为140 mm、高度为100 mm的矩形与页面重合。

（3）用“矩形工具”绘制一矩形，填充白色（C:0,M:0,Y:0,K:0），如图5-42所示。

（4）导入“人物.png”图片素材，调整其大小，放置在画面左边，如图5-43所示。

（5）导入“字.png”图片素材，调整其大小，放置在画面右上角，如图5-44所示。

（6）单击“文本工具”，在绘图页面输入段落文本，然后用“椭圆工具”绘制一个椭圆形。选中椭圆形，单击鼠标右键，在弹出的快捷菜单中选择 转换为曲线(V) 命令，将椭圆形转换曲线，如图5-45所示。

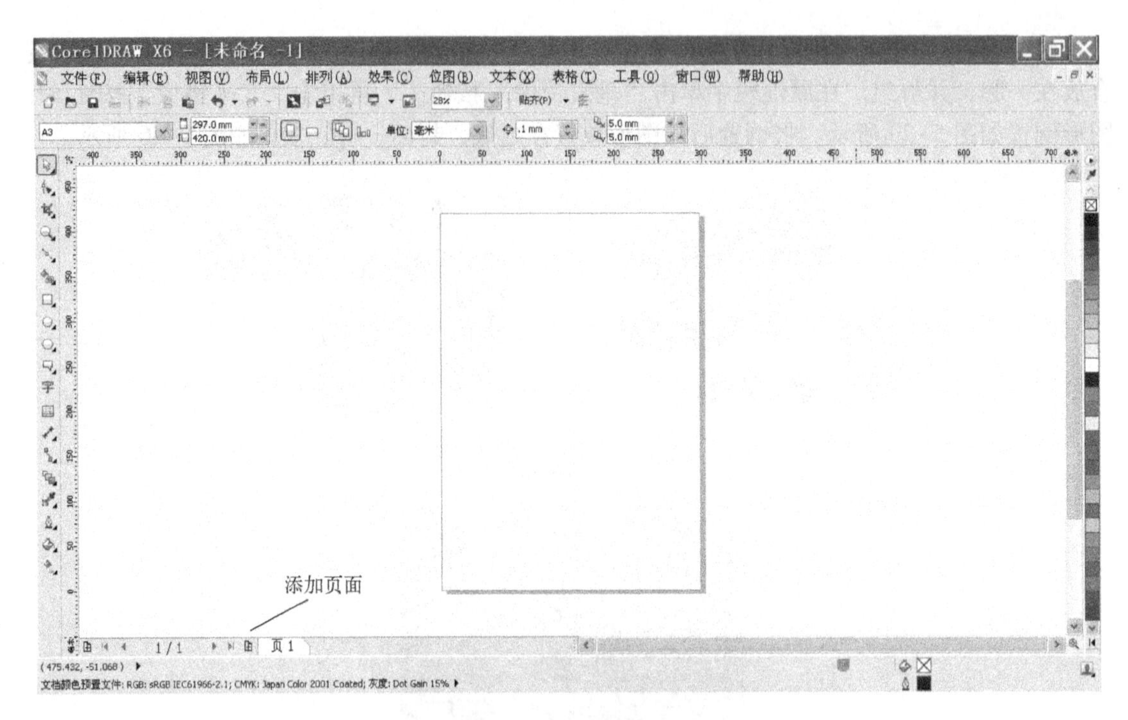

图 5-41　添加页面 2

图 5-42　填充底色

(7) 用“选择工具”选中段落文本，单击鼠标右键，拖动文本到椭圆形区域内，松开鼠标右键，在弹出的快捷菜单中选择“内置文本”命令。使用“选择工具”选中内置文本，在“文本工具”属性栏中的字体下拉列表中选择 楷体_GB2312 字体，在字体大小下拉列表中选择 12 pt 字号，文字颜色默认为黑色。再选择属性栏中文本“对齐”下拉列表中的 全部调整，调整文字的位置。如图 5-46 所示。

(8) 用“选择工具”选取内置文本，在菜单栏中选择“排列”菜单里的 拆分路径内的段落文本(B) 命令。用“选择工具”将内置文本移开，选取椭圆形并按键盘上的〈Delete〉键，删除椭圆形。如图 5-47 所示。

图 5-43　导入人物图片素材

图 5-44　导入字图片素材

爱一个人，是一辈子。如果我的等待可以换来多年前你一次次、一遍遍的承诺，宁愿等上生生世世。

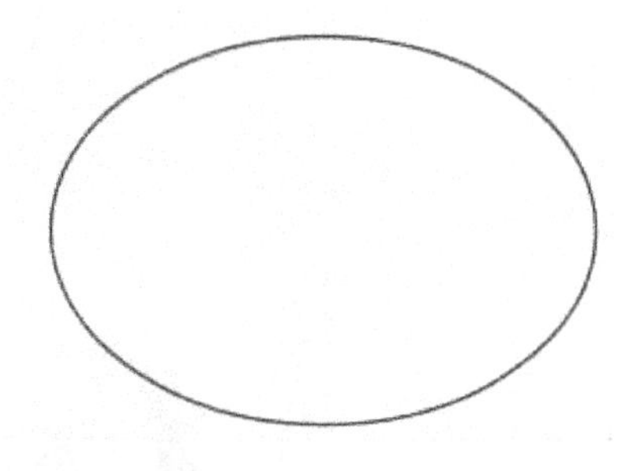

图 5-45　段落文本和椭圆形

图 5-46　设置内置文本字体

图 5-47　内置文本最终效果

（9）将段落文本放置在内页右边，如图 5-48 所示。

（10）贺卡内页效果如图 5-49 所示。

图 5-48　将内置文本放置画面中

图 5-49　贺卡内页最终效果

4）绘制贺卡立体效果

（1）在绘图窗口左下方的文档导航器中，单击按钮，添加页面3，用来绘制贺卡立体效果。

（2）用“选择工具”将封面正面图形全部选中，复制粘贴到页面3，单击属性栏中的“群组”按钮，在属性栏中的“对象大小”中设置 152.503 mm 100.0 % 100.083 mm 100.0 %，封面斜切效果如图5-50所示。用“选择工具”将内页图形全部选中，复制粘贴到页面3，单击属性栏中的“群组”按钮，在属性栏中的“对象大小”中设置 150.956 mm 100.0 % 90.628 mm 91.3 %，背面斜切效果如图5-51所示。

图5-50　封面斜切效果

图5-51　内页斜切效果

（3）将贺卡群组，然后用“交互式阴影工具”给贺卡添加阴影，作为贺卡的投影。“情人节贺卡”立体效果即完成了，如图5-52所示。

5）后期调节与文件的保存

观察作品的整体效果，检查色彩和版式是否协调，再进行细微的调节，单击“保存”

图 5-52 “情人节贺卡”最终效果

按钮即可完成整个贺卡的绘制。

5.3 任务 3：特色插画的制作

插画是平面设计中最形象的表达方式。将服装和插画结合，会提高服装的吸引力。服装插画设计的主题鲜明。本任务设计的是儿童裙子的一个插画效果，如图 5-53 所示，图案活泼可爱，颜色鲜艳明亮。

图 5-53 服装插画

5.3.1 交互式封套效果

封套是通过操纵边界框来改变对象形状的，其效果有点类似于印在橡皮上的图案，扯动橡皮则图案会随之变形。使用工具箱中的“交互式封套工具”可以方便、快捷地创建对象的封套效果。

（1）单击工具箱中的“交互式封套工具”按钮。

（2）单击需要制作封套效果的对象，此时对象四周出现一个矩形封套虚线控制框，拖动封套控制框上的节点，即可控制对象的外观，如图 5-54 所示。

图 5-54 使用“交互式封套工具”

5.3.2 交互式立体化效果

立体化效果是利用三维空间的立体旋转和光源照射的功能，为对象添加产生明暗变化的阴影，从而制作出逼真的三维立体效果。使用工具箱中的“交互式立体化工具”，可以轻松地为对象添加具有专业水准的矢量图立体化效果或位图立体化效果。

（1）在工具箱中单击“交互式立体化工具”，如图 5-55 所示。

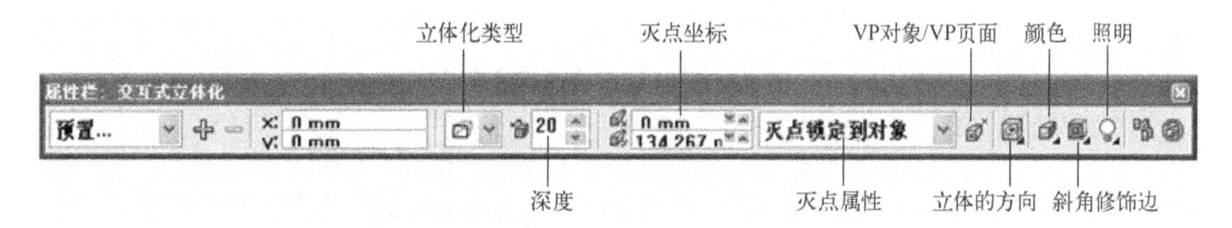

图 5-55 “交互式立体化工具”属性栏

（2）选定需要添加立体化效果的对象。

（3）在对象中心按住鼠标左键向添加立体化效果的方向拖动，此时对象上会出现立体化效果的控制虚线。

（4）拖动到适当位置后释放鼠标，即可完成立体化效果的添加，如图 5-56 所示。

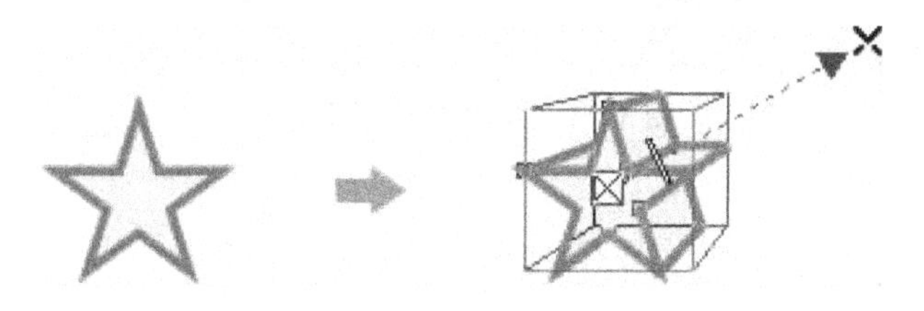

图 5-56 应用“交互式立体化工具”

（5）拖动控制线中的调节钮可以改变对象立体化的深度。

（6）拖动控制线箭头所指一端的控制点，可以改变对象立体化消失点的位置。

5.3.3 交互式透明效果

透明效果是通过改变对象填充颜色的透明程度来创建独特视觉效果的。使用“交互式透明工具”可以方便地为对象添加“标准”“渐变”“图案”及“材质”等透明效果。“交互式透明工具”的使用方法与前面介绍的“交互式填充工具”的使用方法相似，如图 5-57 ~ 图 5-62 所示。

图 5-57　应用标准透明效果

图 5-58　应用线性透明效果

图 5-59　应用射线透明效果

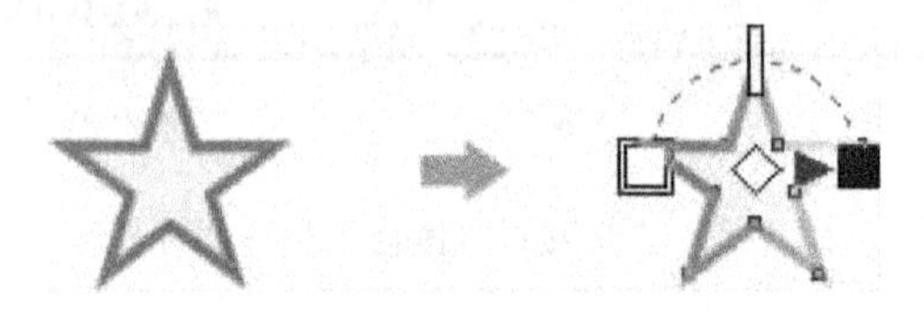

图 5-60　应用圆锥透明效果

图 5-61　应用方角透明效果

图 5-62　应用图样透明的效果

5.3.4　特色插画的制作过程

1. 设计思路

对于服装插画的制作，在绘制技巧上，主要使用自由路径绘制工具绘制裙子的框架，然后利用多边形工具特殊性绘制衣服的花纹。设计的主题鲜明，图案活泼可爱，颜色鲜艳明亮。

2. 技术剖析

该案例中，主要运用CorelDRAW X6软件中的“贝塞尔工具”和“形状工具”等绘制工具绘制裙子的框架，然后利用“多边形工具”的特殊性绘制衣服的花纹，最后运用“图框精确剪裁”功能生成最终效果图，如图5-63所示。在细节的制作上主要应用了“交互式变形工具”的技巧。

图5-63 服装插画

3. 制作步骤

1）用“贝塞尔曲线”勾画出儿童裙装大体外形

单击工具栏中“贝塞尔工具”，勾画儿童裙装路径轮廓，结合“形状工具”调整曲线形状，设置轮廓宽度为0.75mm、填充颜色为（C:0,M:20,Y:20,K:0），效果如图5-64所示。

图5-64 儿童裙装轮廓

2）裙子花纹设计

（1）单击工具栏中“多边形工具”，绘制一个五边形，然后选择工具栏中“交互式变形工具”，激活属性栏上的“推拉变形”按钮，拖动鼠标使多边形变形，如图 5-65 所示。

（2）将变形后的图形复制两个，再缩放并调整花朵大小和位置，效果如图 5-66 所示。

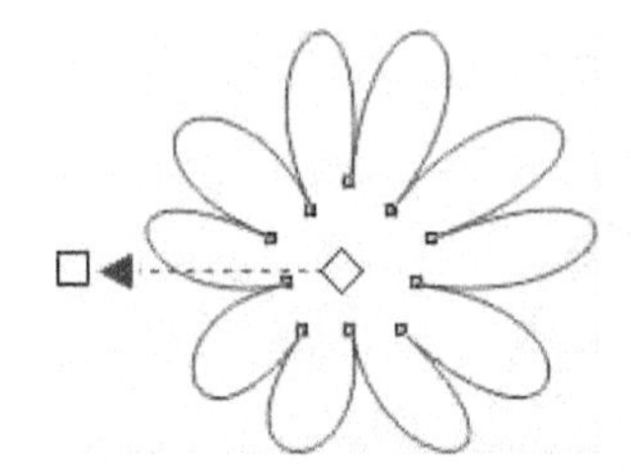

图 5-65　多边形变形效果

图 5-66　复制变形多边形

（3）选中两个复制图案，同时填充颜色（C:0,M:100,Y:0,K:0），然后选择菜单栏上的“排列”→“造型”→“修剪”命令，得到如图 5-67 的效果。然后再将最初变形的多边形合并组合，效果如图 5-68 所示。

图 5-67　组合 1

图 5-68　组合 2

（4）将制作好的花朵组合并放置在裙子内，将变形组合后的花朵复制多个，调整不同的大小和位置，然后按〈Ctrl + G〉组合键将调整后的图形全部群组起来，效果如图 5-69 所示。

图 5-69　组合排列效果

（5）为了更好地体现花纹在衣服上的效果，在菜单栏中选择“效果”→“图框精确剪裁”→“放置在容器中”命令，将组合后的花朵置于衣服框架中，效果如图 5–70 所示。

图 5–70　裙子花纹效果

（6）在裙子上单击鼠标右键，编辑内容，用“交互式透明工具”在花纹上拖动，工具设置如图 5–71 所示。

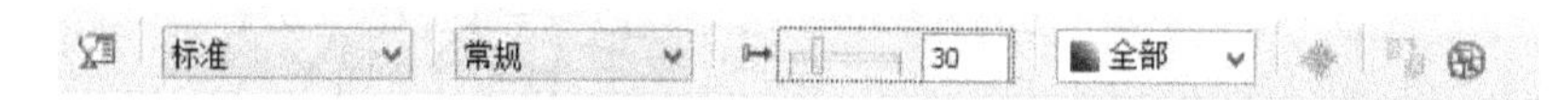

图 5–71　工具设置

（7）然后用“选择工具”单击鼠标右键，结束编辑，花纹透明度就设置好了，如图 5–72 所示。

图 5–72　花纹透明度效果

3）裙子细节设计

（1）蝴蝶结肩带设计。用“贝塞尔工具”勾画儿童裙装肩带的蝴蝶结，结合“形状工具”调整曲线形状，设置轮廓宽度为 0.35 mm、填充颜色为（C:0,M:0,Y:60,K:0），效果如图 5-73 所示。

（2）为丰富衣服层次感，用“贝塞尔工具”绘制裙子上的褶皱，设置轮廓宽度为 0.35 mm、线条端头为。效果如图 5-74 所示。

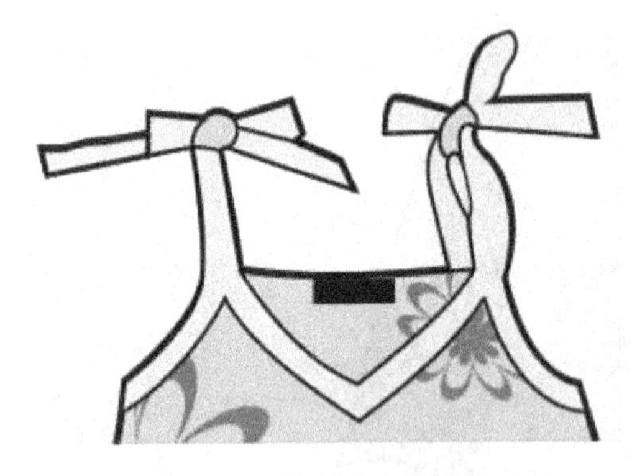

图 5-73　蝴蝶结肩带效果

图 5-74　裙子褶皱绘制

（3）最后用“矩形工具”绘制服装标签，设置填充颜色为黑色，如图 5-75 所示。儿童裙装插画最终完成效果如图 5-76 所示。

图 5-75　标签绘制

图 5-76　服装插画最终完成效果

5.4　习题

1. 选择题

（1）交互式工具有________种。

A. 6　　B. 7　　C. 8　　D. 9

(2) 交互式轮廓图工具的产生轮廓方向，不正确的是________。

A. 向中心　B. 向节点　C. 向内　D. 向外

(3) 编辑3D文字时，利用什么工具和操作方式能够在三维空间内旋转3D文字的角度控制框？________

A. 利用“挑选工具”单击3D文字

B. 利用“交互式立体化工具”单击3D文字

C. 利用“交互式立体化工具”双击3D文字

D. 利用“交互式立体化工具”先选中3D文字，然后再单击鼠标

2. 简答题

(1) “交互式调和工具”沿路径调和应如何操作?

(2) CorelDRAW的“交互式变形工具”有哪些变形方式?

(3) 简述沿路径调和的方法和步骤。

项目6 文　　本

本项目要点：

- 熟练掌握文本的多种创建方法。
- 熟练掌握编辑与转换文本的方法。
- 熟练掌握文字格式的设置方法。
- 熟练掌握将文本转换为曲线的方法。

6.1 任务1：制作积雪文本

字体设计是平面视觉传达设计的重要手段，主要任务就是要对文字的形象进行符合设计对象特性要求的艺术处理，以增强文字的传播效果。本节将主要运用 CorelDRAW X6 软件中的手绘工具完成如图 6-1 所示的宣传页。

图 6-1　积雪文字

在平面设计中，文本是不可或缺的元素。CorelDRAW 中的文本是具有特殊属性的图形对象，不仅可以进行栅格化的编辑，更能够转换为曲线对象，进行形状的变换。

6.1.1 创建与导入文本

掌握在 CorelDRAW 中创建文字和设置文字属性的方法，能完成各种文本格式的编排，通过本节内容的学习掌握文字和路径的使用、了解文字的链接，以及掌握数种常用文字特效的制作方式。

1. 美术字文本的输入

美术字实际上是指单个的文字对象。由于它是作为一个单独的图形对象来使用的，因此可以使用各种处理图形的方法对它进行编辑处理。使用键盘输入是添加美术字最常用的操作之一，操作步骤如下：

（1）在工具箱中，选中“文本工具”字或按〈F8〉键。
（2）在绘图页面中适当的位置单击，就会出现闪动的插入光标。
（3）通过键盘即可直接输入美术字，如图6-2所示。

图6-2　输入美术字

在输入美术字时，可以方便地设置输入文本的相关属性。使用“选择工具”选定已输入的文本，即可看到“文本工具”的属性栏。如图6-3所示。

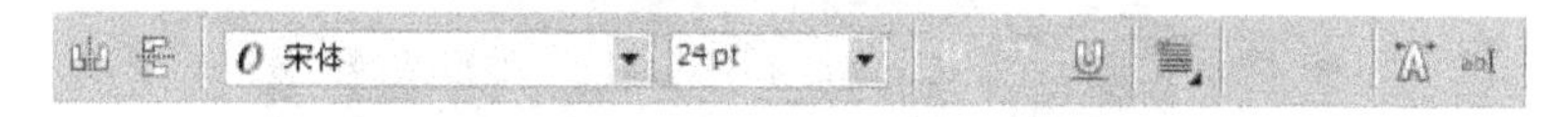

图6-3　“文本工具”属性栏

“文本工具”的属性栏中的设置选项非常简单，与常用的字处理软件中的字体格式设置选项类似。使用“形状工具”选中文本时，文本处于节点编辑状态，每一个字符左下角的空心矩形框（选中时为实心矩形）为该字符的节点。拖动字符节点，即可将该字符移动。如图6-4所示。

图6-4　改变文字位置

2. 导入文本

导入/粘贴外部文本是一种输入文本的快捷方法，避免了一个个输入文字的烦琐过程，减少了操作时间，大大提高了工作效率。

选择“文件”→“导入”命令，或按〈Ctrl+I〉组合键，在弹出的“导入”对话框中选择要导入的文件。单击“导入”按钮，在弹出的“导入/粘贴文本”对话框中设置文本的格式，然后单击“确定”按钮。当页面中出现一个导入形状时，按下鼠标左键并拖动，当画面出现一个红色的文本框时释放鼠标，即可导入文本。

6.1.2　积雪文本制作过程

1. 设计思路

汉字字体设计在当今生活中有着重要的和现实的意义。汉字不仅是记录语言的符号，新颖的字体也给人们以美的艺术享受，同时，在品牌推广中更容易被人们高度关注和记忆，从而提高企业形象的识别力和传播力。

2. 技术剖析

该案例中，主要运用 CorelDRAW X6 软件中的手绘工具制作积雪文字。完成该效果的绘制首先需要使用“文本工具”输入文字，然后，在文字上方使用手绘工具进行设计，最后添加投影效果。效果如图 6-5 所示。

图 6-5　积雪文本的制作

3. 制作步骤

（1）新建文件。

（2）通过“文本工具”和“渐变工具”的运用，制作出渐变文字的效果。

（3）通过“填充工具”和“阴影工具”的应用，制作雪花效果

（4）将最后完成的效果图以 01. cdr 为文件名保存。

提示：用“文本工具”输入文字并使用“渐变工具”填充蓝色渐变，绘制雪的形状并填充灰色，复制雪并填充白色；并向上移动，形成雪的阴影效果，最后给文字设置投影效果。

具体步骤如下

（1）建立 A4 大小文件，设置为“横向”，选择“文件”菜单中的“导入”命令，将 01 素材导入，调整图片大小及位置。如图 6-6 所示。

图 6-6　导入素材

（2）选择“文本工具”，输入文字“Snow”，设置字体为“Arial Black”、大小为200，效果如图6-7所示。

（3）单击“填充工具”，选择第二个“渐变填充”（或按〈F11〉键）。此时出现“渐变填充”对话框，设置渐变“类型”为“线性”渐变，并设置颜色，如图6-8所示，效果如图6-9所示。

图6-7　设置文字

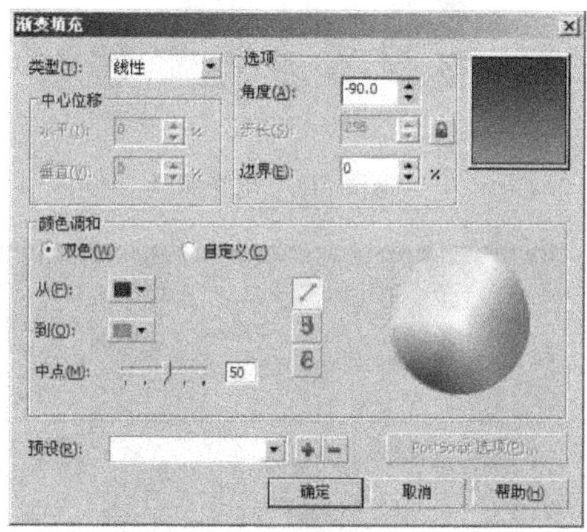

图6-8　设置渐变

（4）选择“手绘工具”，来绘制积雪的形状，曲线绘制效果如图6-10所示。单击“挑选工具”，选中绘制的积雪形状，然后再单击“填充工具”，选择第“均匀填充”，将积雪填充成灰色，效果如图6-11所示。

图6-9　渐变后效果

图6-10　绘制路径

（5）复制雪并将灰色设置为白色，单击“选择工具”，向上移动，形成雪花及阴影效果，效果如图6-12所示。

（6）选择“阴影工具”，给文字设置投影效果，效果如图6-13，最终效果如图6-14所示。

图 6-11　填充路径

图 6-12　绘制路径

图 6-13　路径整体效果

图 6-14　最终完成效果

6.2　任务 2：制作咖啡招贴

所谓招贴，又名海报或宣传画，属于户外广告，分布于各处街道、影（剧）院、展览会、商业区、机场、码头、车站、公园等公共场所，在国外被称为“瞬间”的街头艺术。本节将制作如图 6-15 所示的咖啡招贴。

图 6-15　咖啡招贴设计

6.2.1 编辑文本属性

在平面设计中，文字的使用是方方面面的。用途不同，文字的样式也不同。在 CorelDRAW 中可以对美术字文本及段落文本的格式进行设置，使其更符合创作需要。

1. 设置字体、字号和颜色

在平面设计中，文字的表现方式极为丰富。通过对文本的字体、字号和颜色等进行设置，可以使平面设计的效果更加丰富、多元化。

（1）选择要设置字体的文本，在“文本工具”的属性栏中打开字体下拉列表框，从中选择一种字体，即可将选择的文字更改为该字体，效果如图 6-16 所示。

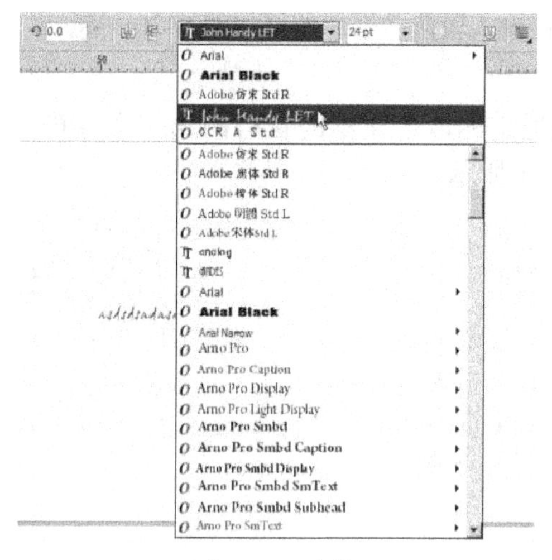

图 6-16　字体

（2）选择要设置字体的文本，在“文本工具”的属性栏中单击“编辑文本”按钮，或按〈Ctrl + Shift + T〉组合键，在弹出的“编辑文本”对话框中打开字体下拉列表框，从中选择一种字体，然后单击“确定”按钮，如图 6-17 所示。

（3）选择要设置字体的文本，选择“窗口”→“泊坞窗”→“属性”命令，或按〈Alt + Enter〉组合键，在弹出的“对象属性”泊坞窗中单击按钮，在字体下拉列表中选择一种字体，然后单击“应用”按钮即可，如图 6-18 所示。

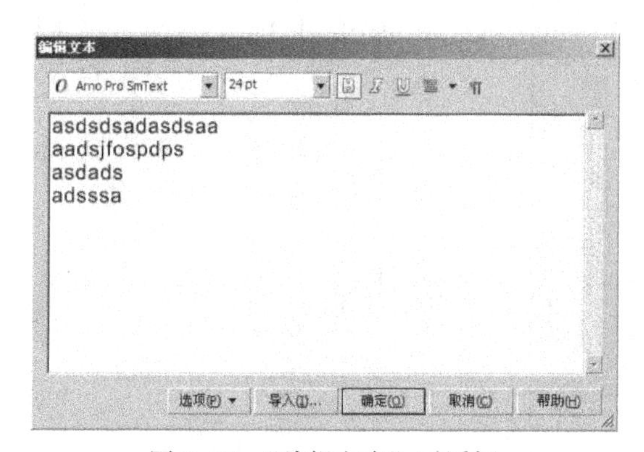

图 6-17　“编辑文本”对话框

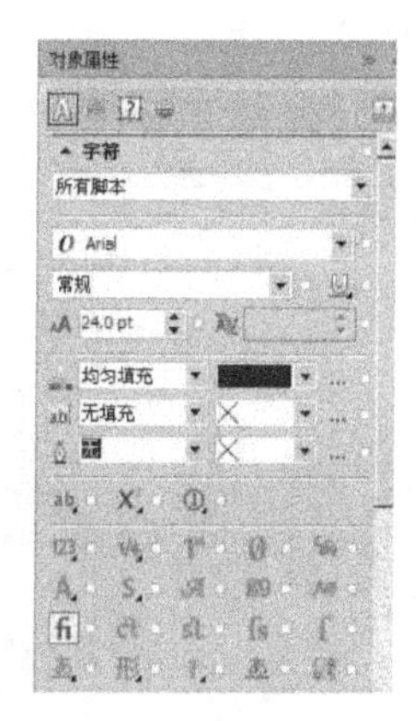

图 6-18　“对象属性”泊坞窗

6.2.2 设置段落文本格式

1. 段落文本

段落文本是建立在美术字模式基础上的大块区域的文本。对段落文本可以使用 CorelDRAW 所具备的编辑排版功能来进行处理。添加段落文本的操作步骤如下：

（1）在工具箱中选择“文本工具”。

（2）在工作区中的适当位置按住鼠标左键拖动，就会画出一个虚线矩形框和闪动的插入光标，如图 6-19 所示。

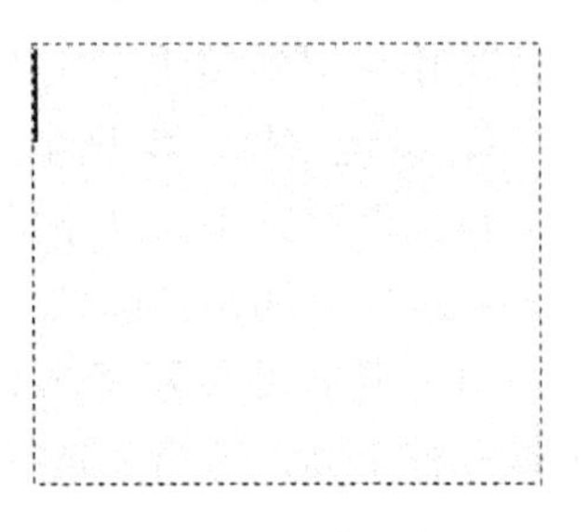

图 6-19　段落文本框

（3）在虚线框中可直接输入段落文本，效果如图 6-20 所示。

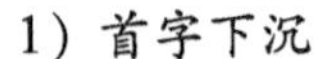

1）首字下沉

单击按钮，可以使选定的段落文本的首行的第一个字符放大并下沉，效果如图 6-21 所示。

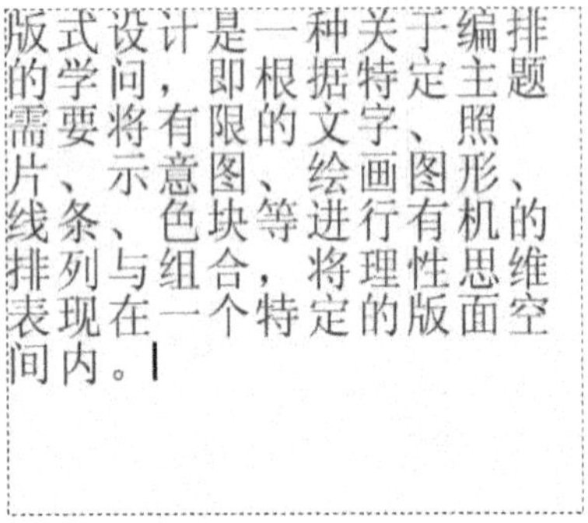

版式设计是一种关于编排的学问，即根据特定主题需要将有限的文字、照片、示意图、绘画图形、线条、色块等进行有机的排列与组合，将理性思维表现在一个特定的版面空间内。

图 6-20　输入文字的段落文本框

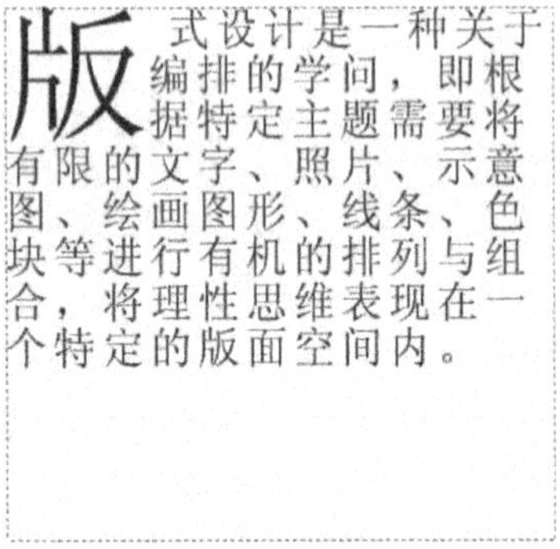

版式设计是一种关于编排的学问，即根据特定主题需要将有限的文字、照片、示意图、绘画图形、线条、色块等进行有机的排列与组合，将理性思维表现在一个特定的版面空间内。

图 6-21　设置首字下沉

2）栏

选择将要修改的文字，单击鼠标右键，选择“文本格式”命令，在“格式化文本”对话框中选择“栏”选项卡，可在此对话框中对文本的栏数、栏宽、栏间宽度等参数进行调整，如图 6-22 所示。

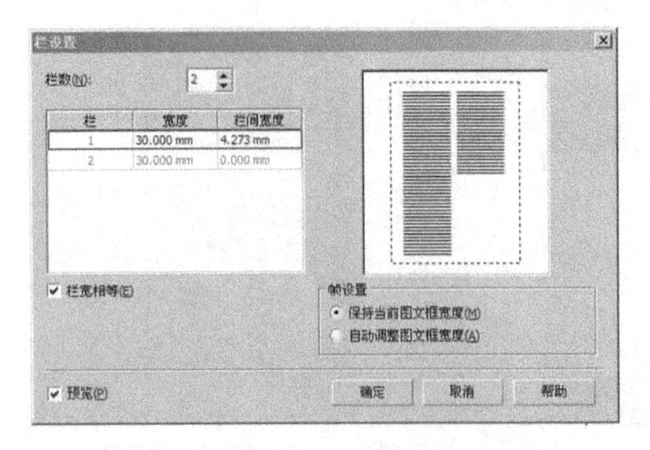

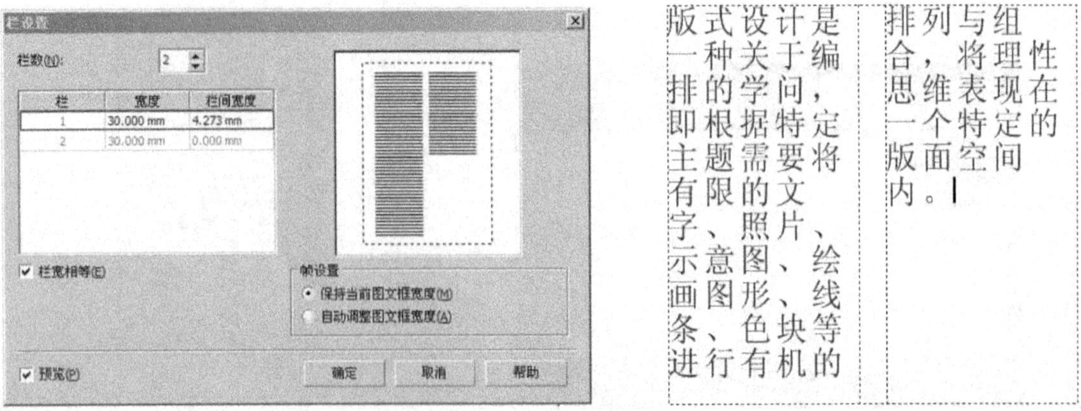

栏设置
栏数(N): 2
栏 宽度 栏间宽度
1 30.000 mm 4.273 mm
2 30.000 mm 0.000 mm
栏宽相等(E)
帧设置
保持当前图文框宽度(M)
自动调整图文框宽度(A)
预览(P)
确定
取消
帮助
版式设计是一种关于编排的学问，即根据特定主题需要将有限的文字、照片、示意图、绘画图形、线条、色块等进行有机的排列与组合，将理性思维表现在一个特定的版面空间内。

图 6-22　栏的设置

6.2.3 咖啡招贴制作过程

1. 设计思路

虽然如今广告业的发展日新月异，新的理论、新的观念、新的制作技术、新的传播手段、新的媒体形式不断涌现，但招贴始终无法被取代，仍然在特定的领域里施展着活力，并取得了令人满意的广告宣传作用，这主要是由它的特征所决定的。绿树咖啡圣诞节宣传单是为圣诞节而设计的，通过图形绘制、标志及文字编排成的一个版面效果。

2. 技术剖析

该案例中，主要运用CorelDRAW软件中的“贝塞尔工具”和“文本工具”制作咖啡宣传单页。要完成该宣传页的绘制，首先需要使用“贝塞尔工具”“高斯模糊工具”绘制雪花背景，然后，导入企业标志、圣诞老人图片，再结合“文本工具”、版式编排效果来进行设计制作，如图6-23所示。

3. 操作步骤

1）设计宣传单背景

（1）启动CorelDRAW X6后，新建一个文档，并以“咖啡宣传单页”为文件名保存。

（2）建立A4大小文件，单击工具箱中“矩形工具”按钮，在文件中拖动鼠标绘制一个矩形。打开“渐变填充”对话框，选择“类型”为“线性”，设置中心位移“水平”为0、“垂直”为0、“边界”为0、“颜色调和”为“双色”，设置颜色为“从（F）”（C:0，M:76，Y:49，K:0）“到（O）”（C:42，M:100，Y:100，K:16）、“中点（M）”为50，单击“确定”按钮，然后删除矩形边框线，效果如图6-24所示。

图6-23 “咖啡宣传单”设计最终完成效果

图6-24 宣传页底色

（3）绘制雪山树木。选择“贝塞尔工具”，绘制雪山曲线，利用工具栏中的“形状工具”进行路径的修改，使得路径更加细腻、圆滑，画面效果更加柔美。用鼠标左键双击路径上没有节点的地方，可以增加节点供调节路径使用，而鼠标左键双击路径上有节点的地方则可以删掉该节点。设置远山填充颜色为（C:11,M:9,Y:9,K:0）、近山填充颜色为白色（C:0,M:0,Y:0,K:0），并删除轮廓曲线。用“贝塞尔工具”绘制树木曲线，用“形状工具”调整控制点，调节直线和曲线的形状，设置树木填充颜色为（C:67M:0,Y:79,K:0）。效果如图 6-25 所示。

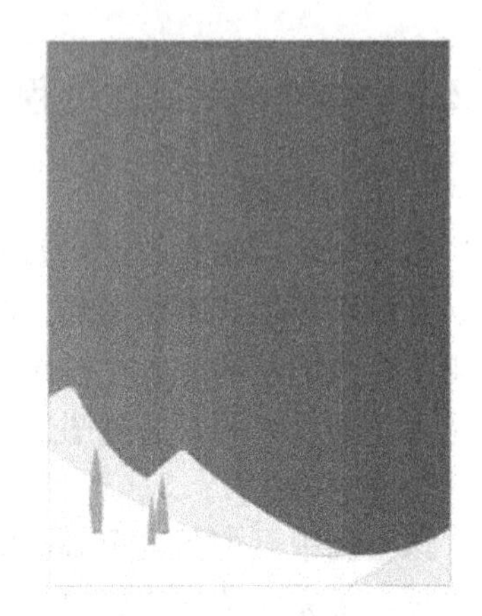

图 6-25　宣传页背景设计

（4）绘制雪花。用“椭圆工具”绘制一个椭圆，设置填充颜色为白色（C:0,M:0,Y:0,K:0），去掉轮廓。单击椭圆，将椭圆转换成位图，然后选择【位图】→【模糊】→【高斯模糊】命令，如图 6-26 所示。设置半径为 50 像素，制作雪花效果，复制雪花并调整其大小、位置，如图 6-27 所示，效果如图 6-28所示。

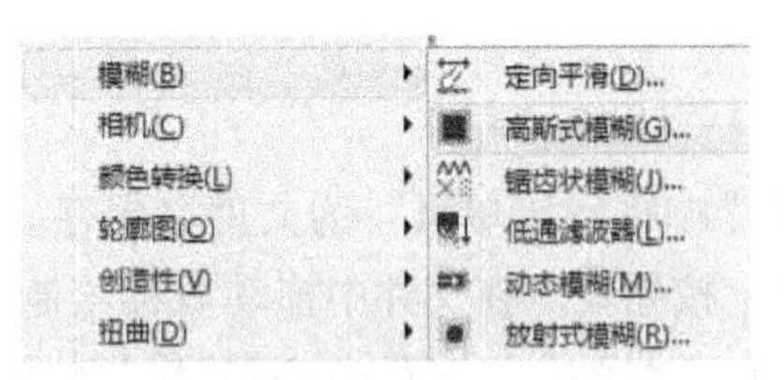

图 6-26　高斯模糊

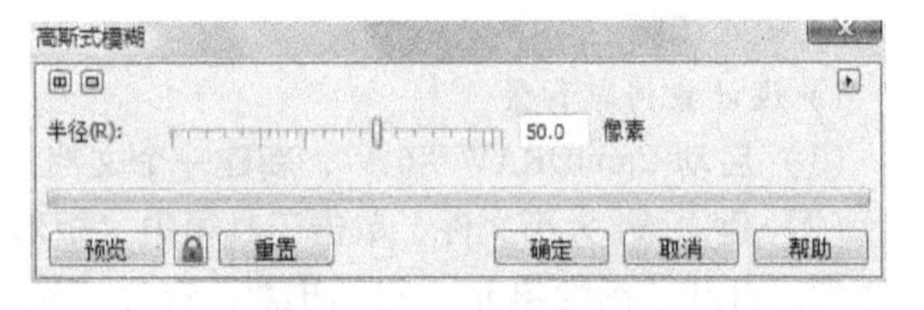

图 6-27　高斯模糊参数设置

2）标志、图片排版

（1）在“文件”菜单中选择“导入”命令，将第 6 章中的案例 2 素材中的标志导入到此文件中，如图 6-29 所示。用“椭圆工具”绘制一个 100mm×100mm 的正圆。将标志图形选中，选择菜单栏中的【效果】→【图框精确剪裁】→【放置在容器中】命令，这时光标会变为➡形状，将箭头指向圆形并单击，图形将被精确地放置于选中容器内。选中圆形单击鼠标右键，编辑内容，调整标志图片的位置，再单击鼠标右键 结束编辑(F)，并放置在画面中间位置，效果如图 6-30 所示。

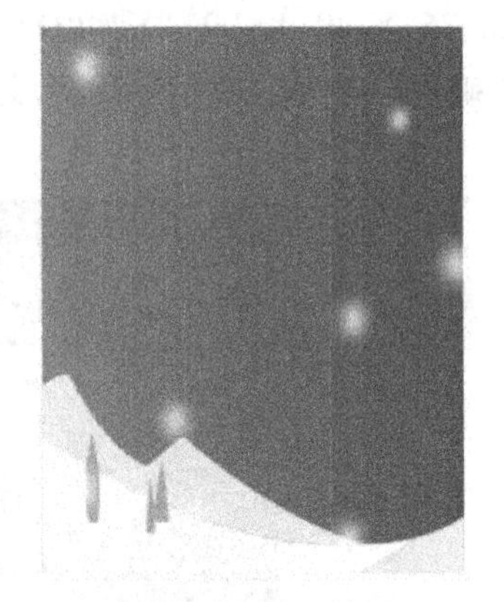

图 6-28　雪花效果

图 6-29　导入标志图形

图 6-30　标志图形效果

（2）在“文件”菜单中选择“导入”命令，将圣诞老人图片导入到此文件中，并放置在画面右下方，效果如图 6-31 所示。

3）文字排版

将公司中英文名称、文案、时间地点等信息编排在整个版面中。选中所有文字、标志图形、红色背景，将其垂直居中对齐，整个版面呈现竖向编排方式，最终宣传单完成效果如图 6-32 所示。

图 6-31　标志、图片编排效果

图 6-32　咖啡宣传单最终完成效果

6.3　任务 3：卡通风格饮品标志

LOGO 就是标志，它在企业传递形象的过程中是应用最为广泛、出现次数最多的，也是一个企业 CIS 战略中最重要的因素，企业将它所有的文化内容包括产品与服务、整体的实力等都融合在这个标志里面，通过后期的不断努力与反复策划，使之在大众的心里留下深刻的印象。本节将主要运用 CorelDRAW X6 软件中的相关命令来设计如图 6-33 所示的卡通风格饮品标志。

图 6-33　卡通风格饮品标志

6.3.1　文本环绕图形

1. 段落文本换行

1）字符

在编排杂志和报刊时，经常会使用到“文本工具”的“段落文本换行”命令。操作方法如下：单击工具箱中的“文本工具”按钮，在页面中输入段落文本，单击工具箱中的“多边形工具”按钮，再单击“星形工具”按钮，在段落文本上绘制一个星形图案，如图 6-34 所示。

选中绘制好的星形图案，可为其填充任意一种颜色，此时图形会将下方的段落文本遮住，如图 6-35 所示。

图 6-34 绘制星形图案

图 6-35 为绘制好的星形填充图案

在星形图案上单击鼠标右键，可弹出快捷菜单，选择“段落文本换行”命令，可以使段落文本围绕图形排列，如图 6-36 所示。

2）轮廓的绕图

在段落文本绕图排列后，可在多边形属性中单击段落文本换行按钮右下角的三角形，弹出段落文本换行样式面板，如图 6-37 所示。

图 6-36 段落文本围绕图形排列

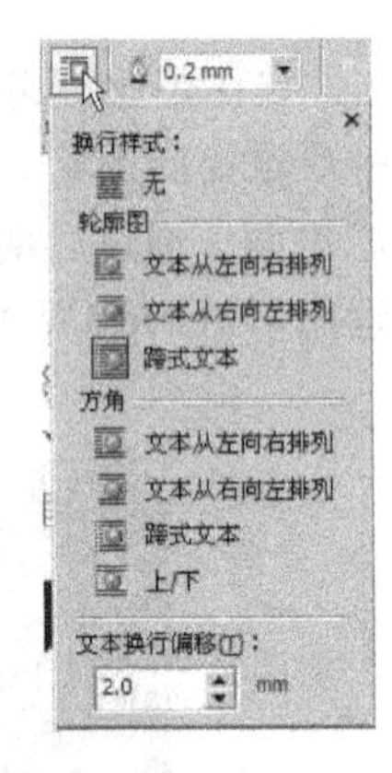

图 6-37 段落文本换行样式面板

从“轮廓图”选项栏中选择“文本从左向右排列”选项并单击“确定”按钮，效果如图 6-38 所示。从“轮廓图”选项栏中选择“文本从右向左排列”选项并单击“确定”按钮，效果如图 6-39 所示。

3）方形

在图 6-15 所示的面板中，从“方角”选项栏中选择“文本从左向右排列”选项并单击“确定”按钮，效果如图 6-40 所示；从“方角”选项栏中选择“文本从右向左排列”选项并单击“确定”按钮，效果如图 6-41 所示；从“方角”选项栏中选择“跨式文本”选项并单击“确定”按钮，效果如图 6-42 所示。

图 6-38 文本的左绕图效果

图 6-39 文本的右绕图效果

图 6-40 文本的方角左绕图效果

图 6-41 文本的方角右绕图效果

2. 文字适合路径

任何图形均可作为文本的路径，“使文本适合路径”功能可以使创建好的文本借助图形灵活地应用到路径中，从而得到较为理想的文字排列效果。

（1）输入文本。在页面中使用“文本工具”输入数字“7”。

（2）将文本转换为曲线。在数字“7”上单击鼠标右键，在弹出的快捷菜单中选择“转换为曲线”命令。

（3）将转化后的效果去掉填充色。在调色板上单击无“填充色”，在页面空白区域输入另一个段落文本，效果如图 6-43 所示。

图 6-42 文本的方角跨式效果

（4）使文字适合路径。将图形与段落文本两者同时选中，在“文本”菜单中选择“使文本适合路径”命令，则所有文字将随图形路径排列，效果如图 6-44 所示。

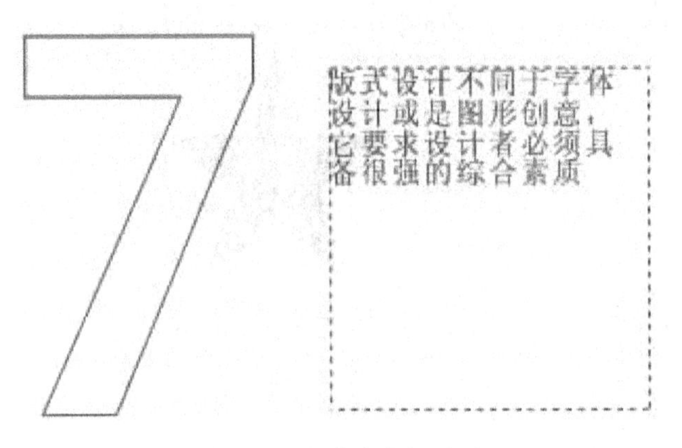

图 6-43　段落文本与图形

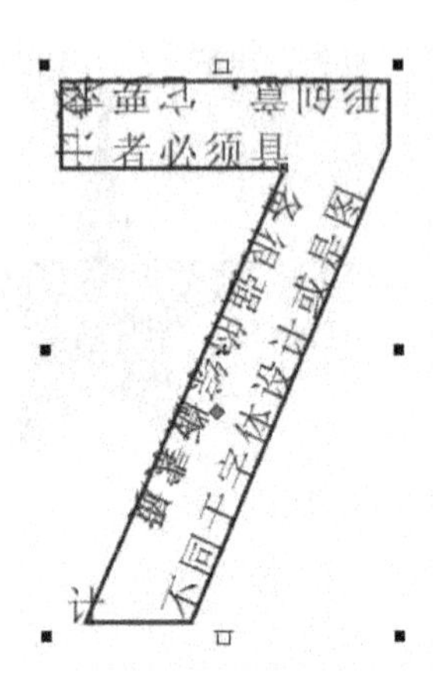

图 6-44　文本适合路径

3. 使文本合适框架

使段落文本适合框架，可以直接改变段落文本的字号，但最快捷的方式是，选择“文本”下拉菜单中的“按文本框显示文本”命令。在多边形、矩形、椭圆形及封闭的曲线中，都可以使输入的文本适合这些图形的框架内部。

（1）在框架内输入文本。使用“文本工具”在图形边框的内侧单击，待出现闪烁的光标后输入文字。

（2）选择“文本”下拉菜单中的“段落文本框”→“使本文适合框架”命令，此时文字字号会自动相应改变，直到填充满整个框架。

（3）去掉所有边框。设置图形为无轮廓边框，选择“挑选工具”，单击边框，选中边框，按〈Delete〉键删除即可，效果如图 6-45 所示。

图 6-45　应用图样透明的效果

6.3.2　转换文本

1. 文本转换为曲线

使用“文本工具”在页面中输入任意文字，可以改变文本的字体、字号等属性，但有时文本的一些固有属性限制了编辑操作，这时需要将文本转换为曲线，以便进行更多的操作。通常的方法是在文本或文本框上单击鼠标右键，从弹出的快捷菜单中选择“转换为曲线”命令。

（1）输入文本，单击工具栏中的“文本工具”，在页面中输入美术字文本。

（2）选中美术字文本，在“排列”菜单中选择“转换为曲线”命令，可将文本转换为曲线。

（3）在“排列”菜单中选择“打散曲线”命令，可将文本转换为多个闭合曲线。

（4）编辑曲线。将部分曲线选中并填充颜色，最终效果如图 6-46 所示。

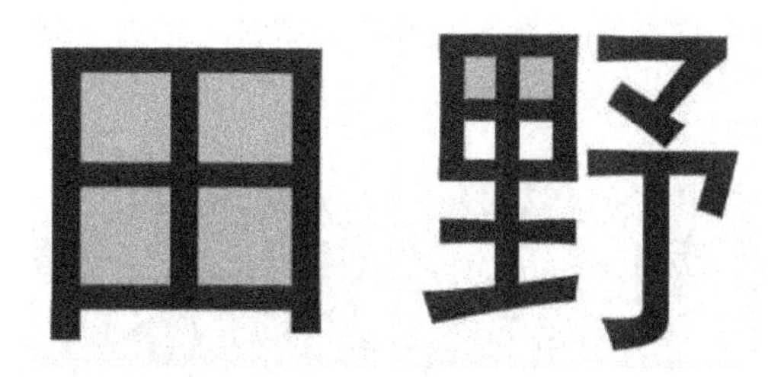

图 6-46　文本转换为曲线

6.3.3　卡通风格饮品标志制作过程

1. 设计思路

宣传折页能有效地提升企业形象，更好地展示企业产品和服务，说明产品的功能、用途、使用方法及特点。该案例是一个蜂蜜企业宣传折页设计，通过图形绘制及文字编排完成的一个版面效果。

2. 技术剖析

该案例中，主要通过在 CorelDRAW X6 软件中选择“排列”→“变换”→“旋转”命令完成变换，以及使用“贝塞尔工具”制作卡通风格饮品标志。首先完成背景的制作，再使用“贝塞尔工具”“椭圆工具”来绘制水果图案，然后结合“文本工具”、版式编排，将卡通饮品标志呈现在我们眼前。效果如图 6-47 所示。

3. 操作步骤

1）创建新文档并保存

（1）启动 CorelDRAW X6 后，新建一个文档，默认纸张大小为 A4。

（2）单击页面左上方的“文件”按钮，在下拉菜单中选择“另存为”命令，以“卡通风格饮品标志”为文件名保存。

2）制作背景

（1）选择“矩形工具”，在工作区里绘制 A4 大小矩形。单击“填充工具”中的“均匀填充”按钮，设置颜色为（C:0,M:60,Y:100,K:0），效果如图 6-48 所示。

图 6-47　卡通风格饮品标志

图 6-48　新建文件

（2）在画面中心点添加辅助线，选择“钢笔工具”，绘制一个倒立的三角，并填充颜色，选择“填充工具”，设置颜色为（C:0,M:96,Y:100,K:0），效果如图 6-49 所示。

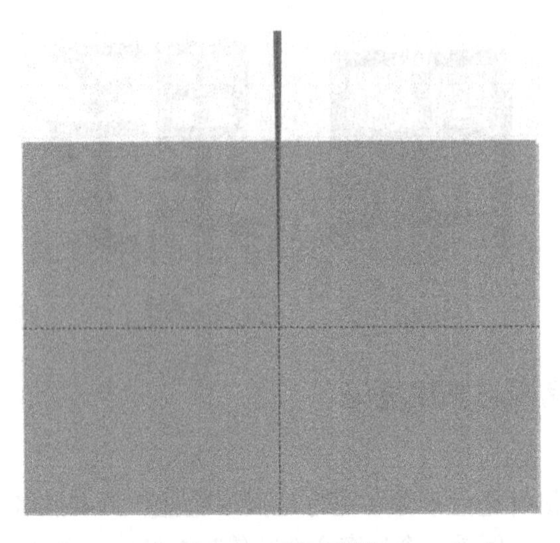

图 6-49　填充颜色

（3）选择绘制的三角形，在菜单栏中选择“排列”→“变换”→“旋转”命令，在弹出的“转换”泊坞窗中分别设置“角度”“中心点”位置和“副本”，然后单击“应用”按钮，就可以旋转复制出一周的放射状图形，设置如图 6-50 所示，效果如图 6-51 所示。

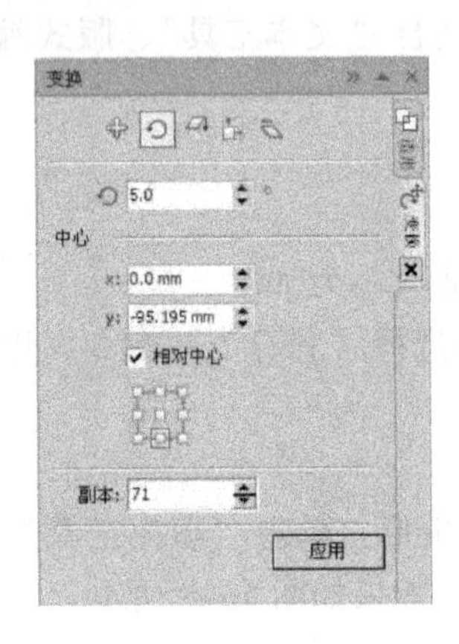

图 6-50　变换设置

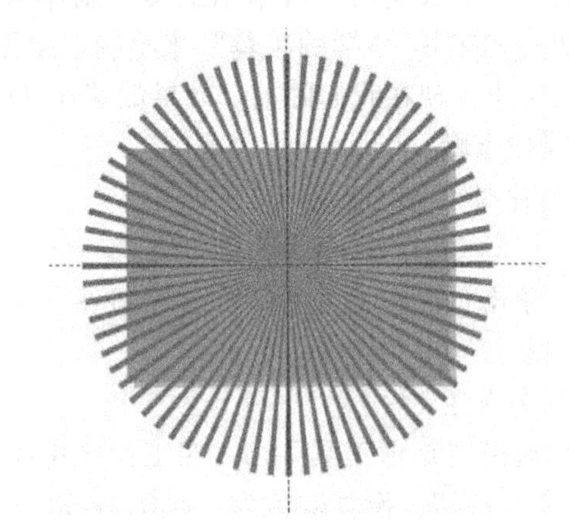

图 6-51　变换设置效果

（4）选择“裁剪工具”，将矩形区域以外的部分去掉，效果如图 6-52 所示。

图 6-52　裁剪效果

（5）选择“贝塞尔工具”，绘制路径如图 6-53 所示，设置颜色为（C:0,M:0,Y:0,K:100），效果如图 6-54 所示。

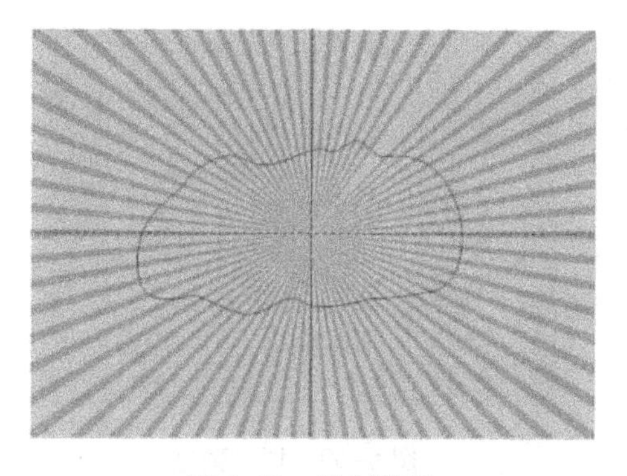

图 6-53　绘制路径

图 6-54　填充颜色

（6）复制黑色图形，将其填充为橙色，然后移动模拟出投影效果，设置颜色为（C:0,M:96,Y:100,K:0），效果如图 6-55 所示。

3）制作内部区域

（1）选择“椭圆工具”，绘制路径，如图 6-56 所示。将边线加粗为 2，选择“填充工具”，设置颜色为（C:48,M:98,Y:41,K:1），效果如图 6-57 所示。

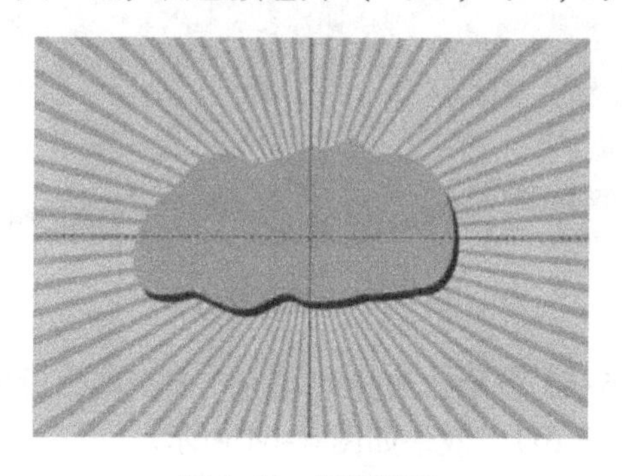

图 6-55　复制图形

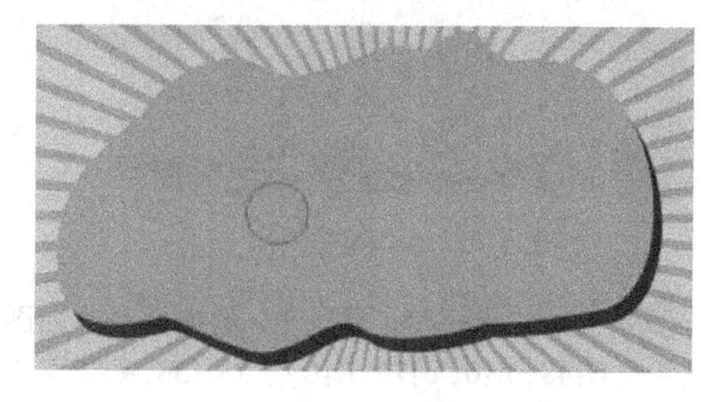

图 6-56　绘制路径

（2）继续选择“贝塞尔工具”，绘制葡萄亮部区域路径，设置颜色为（C:48,M:98,Y:41,K:1），效果如图 6-58 所示。选择“贝塞尔工具”，绘制葡萄高光区域路径，设置颜色为（C:23,M:46,Y:0,K:0），效果如图 6-59 所示，此时一个葡萄绘制完成。

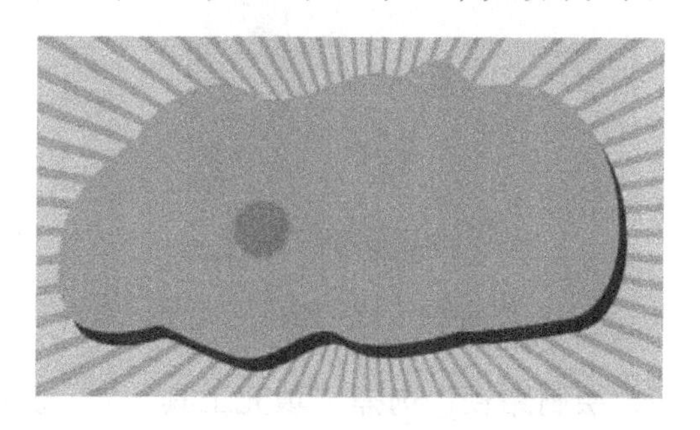

图 6-57　填充颜色

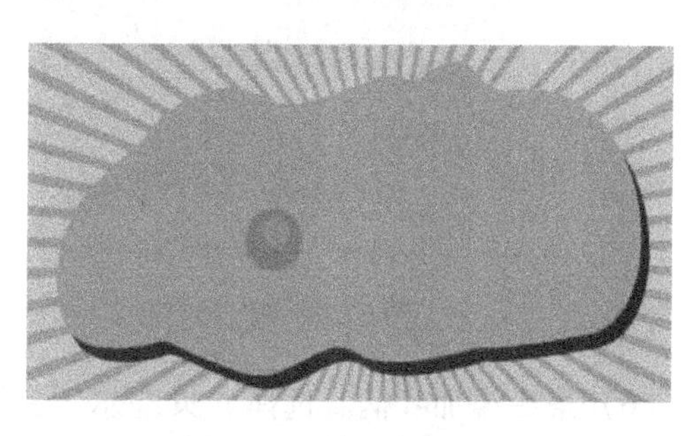

图 6-58　填充亮部颜色

（3）复制多个葡萄出来，形成一串葡萄的效果，注意葡萄大小的变化及前后关系，效果如图 6-60 所示。

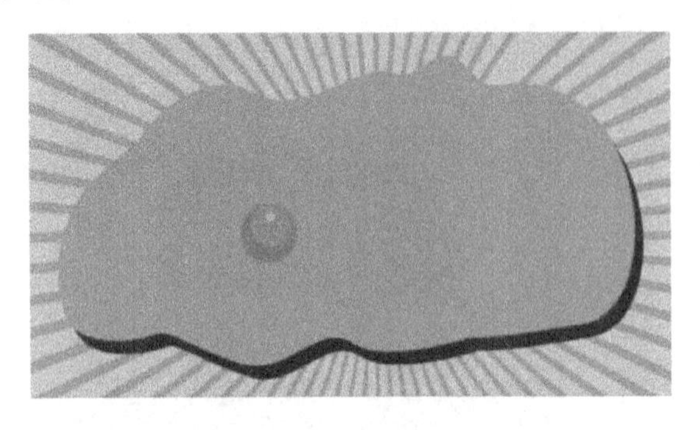
图 6-59　填充高光颜色

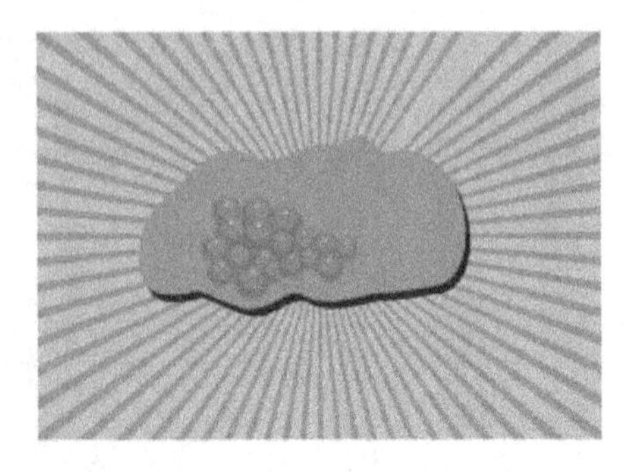
图 6-60　填充颜色

（4）选择“贝塞尔工具”，绘制葡萄叶子部分路径，如图 6-61 所示。选择“填充工具”，设置颜色为（C:48,M:0,Y:75,K:0），效果如图 6-62 所示。

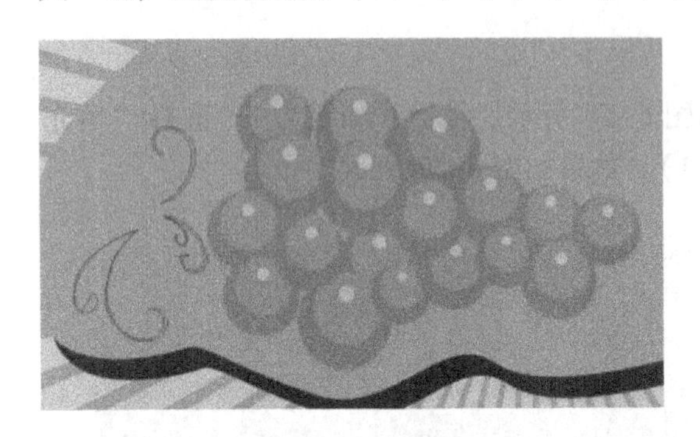
图 6-61　绘制路径

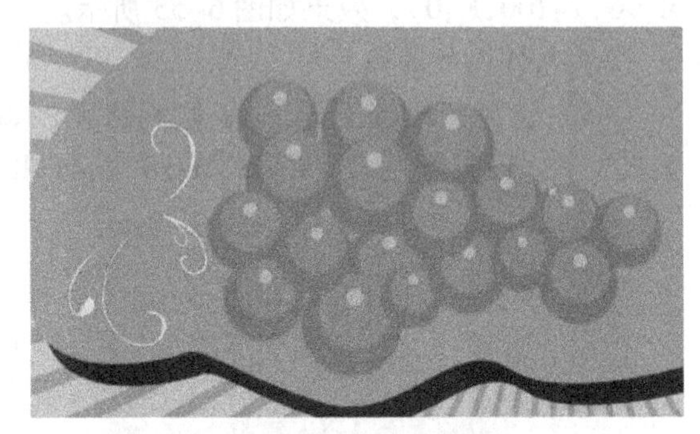
图 6-62　填充颜色

（5）选择“贝塞尔工具”，绘制路径，如图 6-63 所示，选择“填充工具”，设置颜色为（C:48,M:0,Y:75,K:0）、（C:38,M:2,Y:76,K:0），效果如图 6-64 所示。

图 6-63　绘制路径

图 6-64　填充路径

（6）最后添加叶柄。选择“贝塞尔工具”，绘制路径，选择“填充工具”，设置颜色为（C:46,M:67,Y:100,K:7），效果如图 6-65 所示。

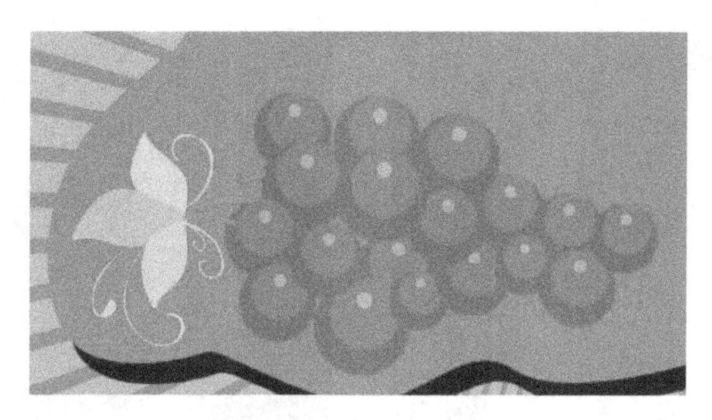

图 6-65　填充叶柄颜色

（7）选择“贝塞尔工具”，绘制橙子边缘路径，如图 6-66 所示。选择“填充工具”，设置颜色为（C:0,M:52,Y:85,K:0），效果如图 6-67 所示。

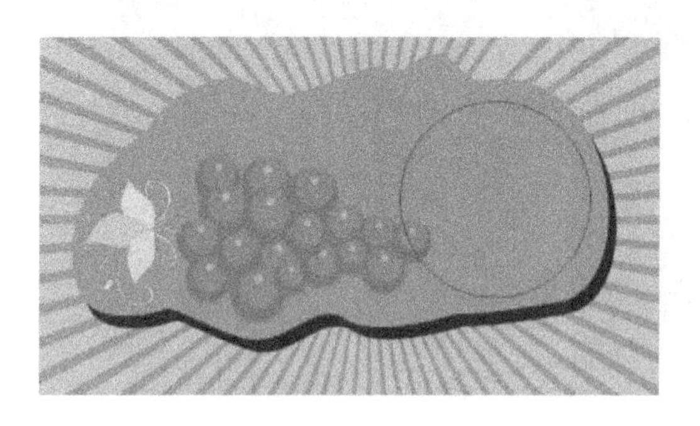

图 6-66　绘制路径

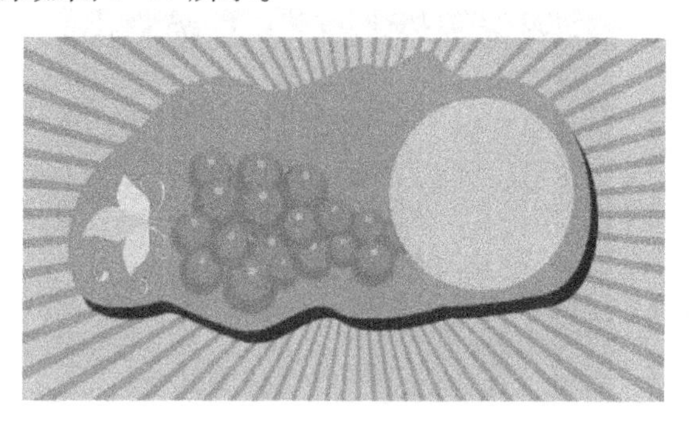

图 6-67　填充颜色

（8）选择“贝塞尔工具”，绘制路径，如图 6-68 所示。选择“填充工具”，设置颜色为（C:0,M:52,Y:85,K:0），效果如图 6-69 所示。

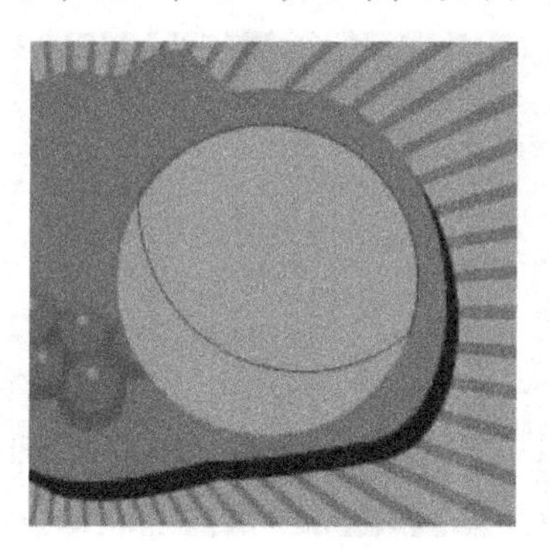

图 6-68　绘制路径

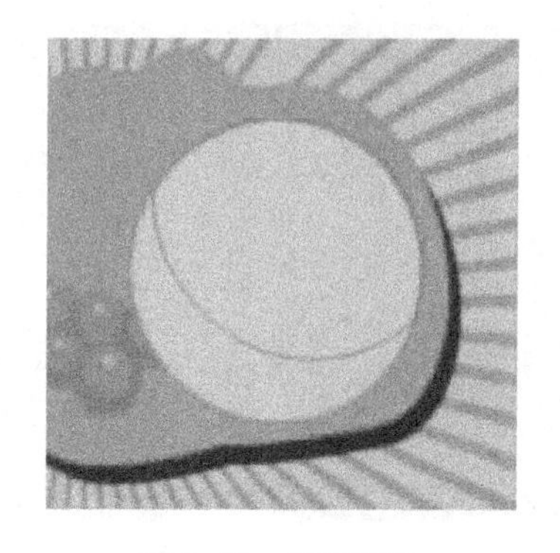

图 6-69　填充颜色

（9）选择“贝塞尔工具”，绘制路径，如图 6-70 所示。选择“填充工具”，设置颜色为（C:22,M:63,Y:100,K:0）、（C:23,M:43,Y:93,K:0），效果如图 6-71 所示。

（10）完成橘柄的制作，选择“贝塞尔工具”，绘制路径，如图 6-72 所示。选择“填充工具”，设置颜色为（C:94,M:49,Y:100,K:15）、（C:67,M:25,Y:100,K:0），效果如图 6-73所示。

图 6-70　绘制路径

图 6-71　填充颜色

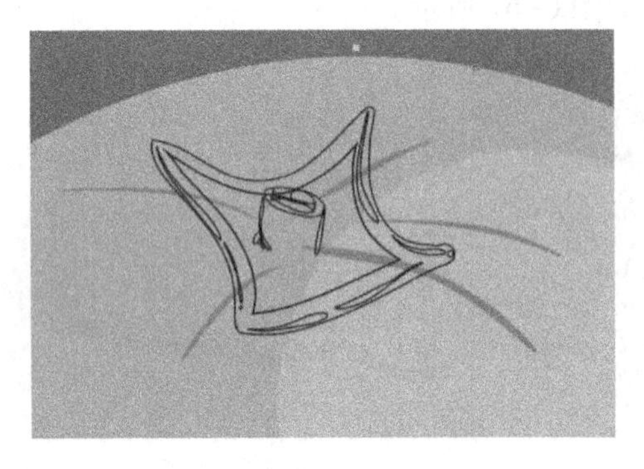

图 6-72　绘制路径

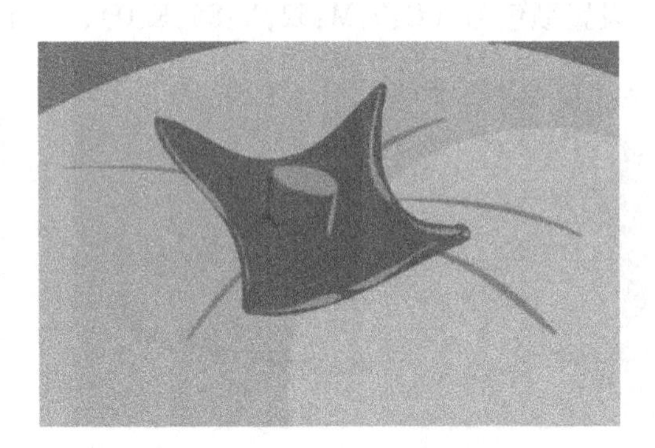

图 6-73　填充颜色

（11）选择“贝塞尔工具”，绘制路径，如图 6-74 所示。选择“填充工具”，设置颜色为（C:0,M:52,Y:85,K:0）、（C:0,M:58,Y:100,K:0），效果如图 6-75 所示。

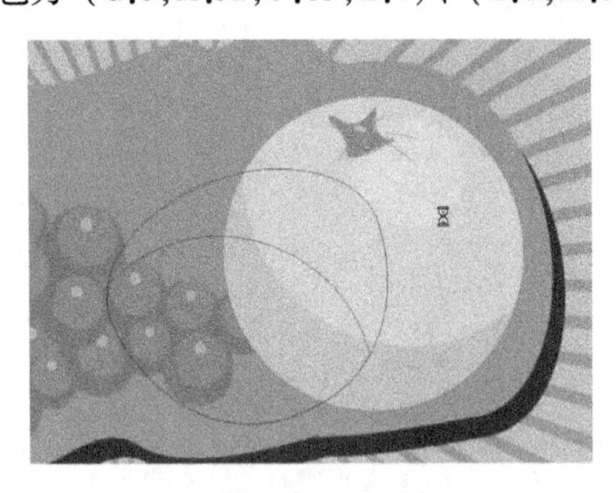

图 6-74　绘制路径

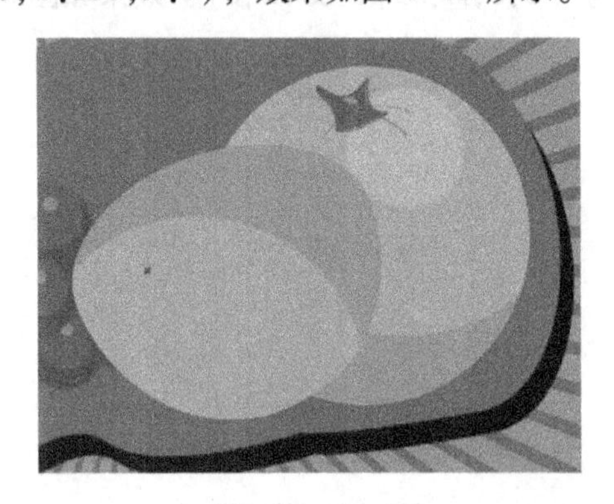

图 6-75　填充颜色

（12）绘制橘子的横切面积。选择“贝塞尔工具”，绘制路径，如图 6-76 所示。选择“填充工具”，设置颜色为（C:0,M:27,Y:69,K:0）、（C:3,M:11,Y:18,K:0）、（C:0,M:45,Y:83,K:0），效果如图 6-77 所示。

（13）选择“文本工具”，输入文字“sweet”，设置文字的字体为“John Handy LET”、字号为“100pt”、填充颜色为（C:0,M:60,Y:100,K:0），最终效果如图 6-78 所示。

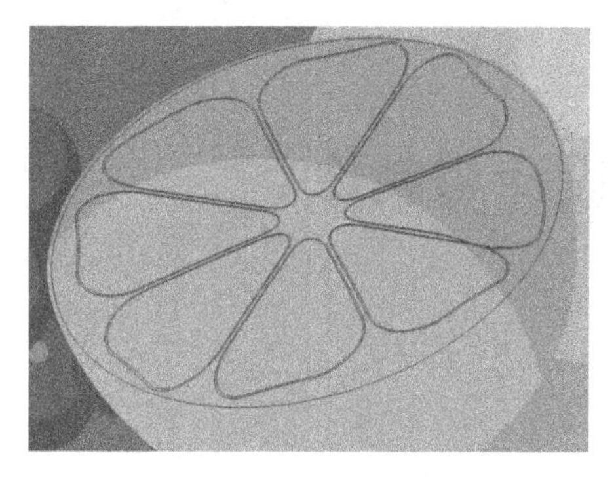

图 6-76　绘制路径

图 6-77　填充路径

图 6-78　最终效果

6.4　习题

1. 选择题

（1）对段落文本使用封套，结果是________。

A. 段落文本转为美术文本　　B. 文字转为曲线

C. 文本框形状改变　　D. 没有作用

（2）________情况下段落文本无法转换为美术文本。

A. 文本被设置了间距　　B. 运用了交互式封套

C. 文本被填色　　D. 文本中有英文

（3）________情况下段落文本无法转换为美术文本。

A. 文本被设置了间距　　B. 运用了交互式封套

C. 文本被填色　　D. 文本中有英文

2. 简答题

（1）简述 CorelDRAW 中文字竖排/横排切换和竖排文字左右排列切换方法。

（2）简述 CorelDRAW 中文字描边的常见方法。

（3）简述 CorelDRAW 中行间距的调整方法。

项目 7　版面设计与制作

本项目要点：

- 了解版式设计的基本原则。
- 了解版式设计中文字的应用。
- 了解版式设计中图形的排列方式。
- 了解版式设计中图形的排列方式。
- 掌握各类版式设计制作的方法和思路。

7.1　任务 1：手机宣传页

走在大街上映入眼帘的是各式各样的宣传页，宣传页的图案设计举不胜举。本节将主要运用 CorelDRAW X6 软件中的“贝塞尔工具”和线条绘制工具设计制作如图 7-1 所示的手机宣传页。

图 7-1　手机宣传页

用户在绘图之前需要对绘图页面进行设置，对于一些基本的选项，例如，改变页面尺寸、方向等，可通过属性栏完成。但要设置页面背景或者版面，则需打开“选项”对话框进行设置。

使用“贝塞尔工具”绘制路径时，要注意所绘制路径的流畅性。

1. 版面设计原则

让观看者在享受美感的同时，接受作者想要传达的信息。

1）主题鲜明突出

版式设计的最终目的是使版面产生清晰的条理性，用悦目的组织来更好地突出主题，达到最佳诉求效果。按照主从关系的顺序，放大主体形象视觉中心，以此表达主题思想。将文案中的多种信息作为整体编排设计，有助于主体形象的建立。在主体形象四周增加空白，可以使被强调的主体形象更加鲜明、突出。

2）形式与内容统一

版式设计的前提——版式所追求的完美形式必须符合主题的思想内容，通过完美、新颖的形式，来表达主题。没有文字的版面，最难设计。

3）强化整体布局

强化整体布局是指将版面的各种编排要素在编排结构及色彩上进行整体设计。加强整体的结构组织和方向视觉秩序，如水平结构、垂直结构、斜向结构、曲线结构；加强文案的集合性，将文案中的多种信息合成块状，使版面具有条理性。因此，加强整体性可获得更良好的视觉效果。

2. 再制与复制

在 CorelDRAW X6 中，“再制”与“复制”是两个不同的概念（如图 7-2 所示）。虽然都是对选择对象进行复制，但执行“复制”命令只是将对象放在剪贴板中，必须再执行“粘贴”命令才能复制出对象。

执行“再制”命令则将两个步骤合并，按〈Ctrl + D〉组合键即可再制对象，按小键盘上的〈 + 〉键则可在原位置再制选择对象。

完成该宣传页的绘制首先需要设计背景，然后用“贝塞尔工具”勾画手机的轮廓，如图 7-3 所示。接着进行着色，一层一层地进行颜色的覆盖，最后生成最终效果图。

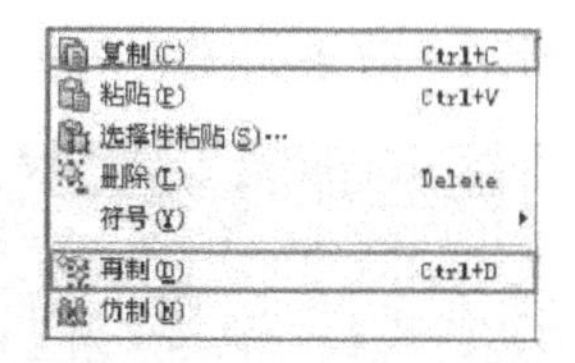

图 7-2　复制与再制

图 7-3　贝塞尔曲线

3. 手机宣传页

1）设计思路

宣传页是商家宣传自己的一种印刷品，材质有铜版纸等。宣传页能有效地把企业形象提升到一个新的层次，更好地把企业的产品和服务展示给大众，能非常详细地说明产品的功能、用途及其优点，诠释企业的文化理念，所以宣传页已经成为企业必不可少的形象宣传工具之一。手机宣传页是为节庆而设计的，通过图形绘制及文字编排成的一个版面效果。

2）技术剖析

该案例中，主要运用 CorelDRAW X6 软件中的“贝塞尔工具”“折线工具”和“填充工具”制作宣传单背景效果。完成该宣传页的绘制，首先需要使用“贝塞尔工具”“折线工具”绘制云朵、五角星及气球；然后，导入手机素材，再结合“文本工具”、版式编排效果来进行设计制作。效果如图 7-4 所示。

3）制作步骤

(1) 设计宣传页背景。

① 建立 A4 大小的文件，单击工具箱中“矩形工具”按钮，在工作区中拖动鼠标绘制

一个矩形。如图 7-5 所示。

图 7-4　手机宣传页的制作　　　　图 7-5　新建文件

单击“填充工具”，此时出现一行填充工具，“渐变填充”包含“线性”渐变、“射线”渐变、“圆锥”渐变和“方角”渐变 4 种类型。它可以为对象增加两种或两种以上颜色的平滑渐进色彩效果。

单击“渐变填充”按钮（或按〈F11〉键）。此时出现“渐变填充”对话框，设置渐变“类型”为“线性”渐变，并设置颜色，如图 7-6 所示，效果如图 7-7 所示。

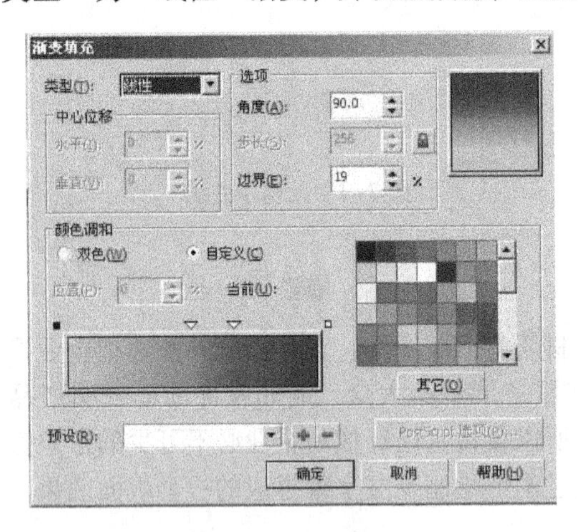

图 7-6　设置渐变　　　　图 7-7　渐变后效果

② 选择“贝塞尔工具”，绘制云的形状，绘制完曲线后，通过调整控制点，可以调节直线和曲线的形状。曲线绘制效果如图 7-8 所示。单击“挑选工具”按钮，选中绘制的两片云彩，然后再单击“填充工具”按钮，单击“均匀填充”按钮，将云彩填充成白色，效果如图 7-9 所示。

(2) 完成气球的制作。

① 使用“折线工具”绘制气球的一部分，效果如图 7-10 所示。接着绘制其他的立方

体，效果如图 7-11、图 7-12、图 7-13 所示。

图 7-8　绘制路径

图 7-9　填充路径

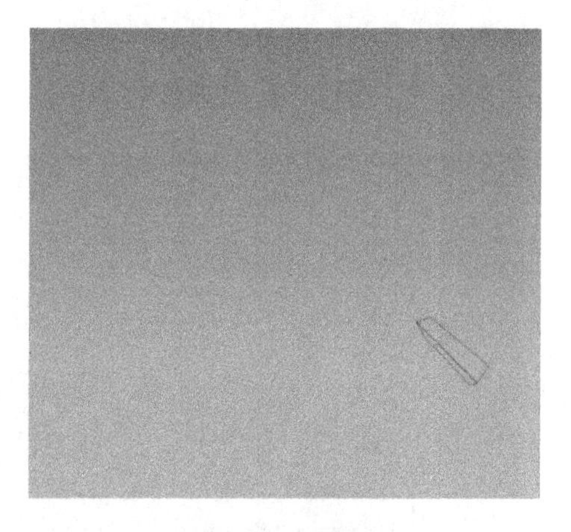

图 7-10　绘制路径

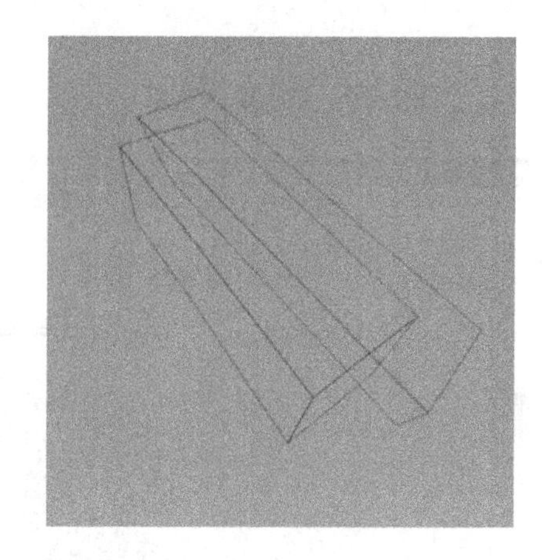

图 7-11　绘制路径

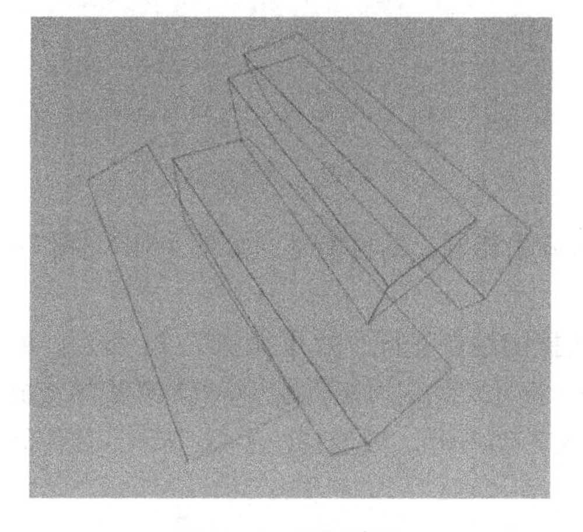

图 7-12　绘制路径

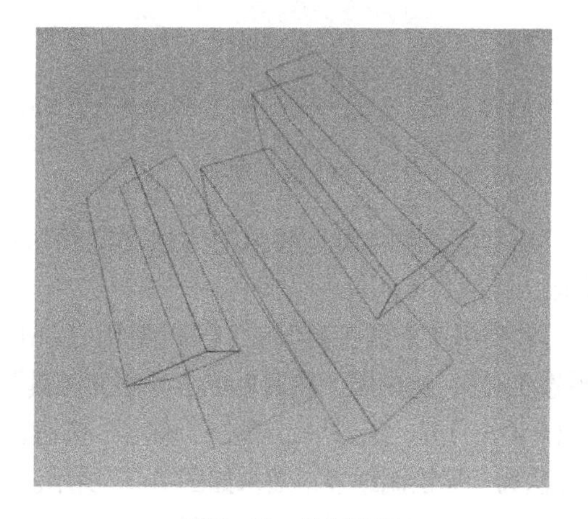

图 7-13　绘制路径

② 绘制完成后，得到整体画面路径效果，如图 7-14 所示。

③ 为路径填充颜色，在工具栏中选择“挑选工具”，将一个路径选中，如 7-15 所示。单击“填充工具”，此时出现一行填充工具，选择“线性”渐变，选择“渐变填充”（或按〈F11〉键），此时出现“渐变填充”对话框，将“颜色调和”设为“双色”，设置两种颜色的渐变，如图 7-16 所示，效果如图 7-17 所示。

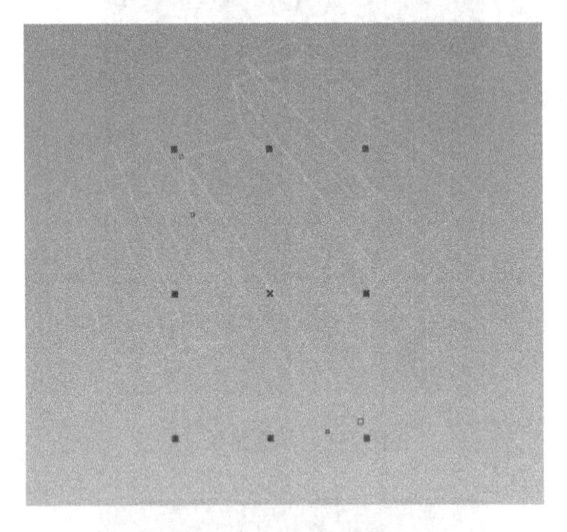

图 7-14　路径整体效果

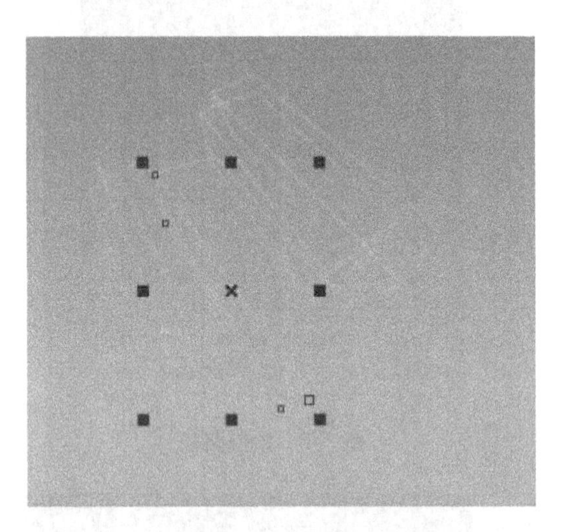

图 7-15　选择路径

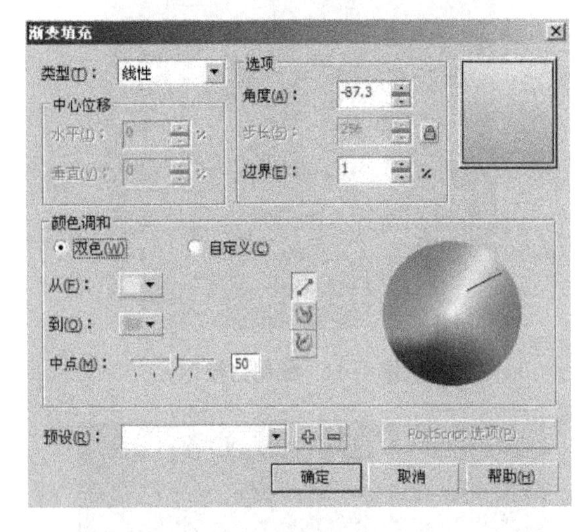

图 7-16　设置渐变

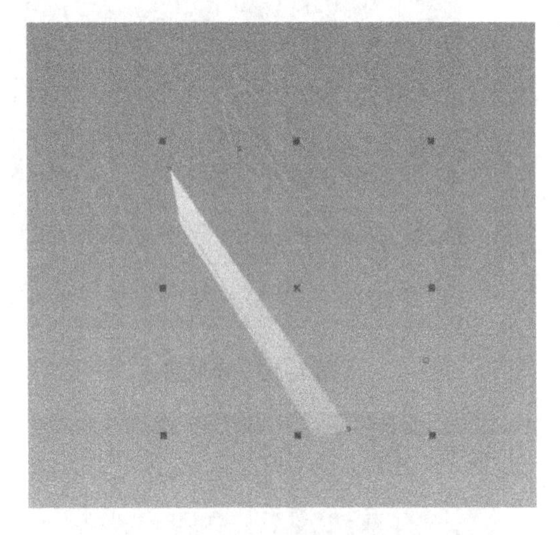

图 7-17　设置渐变效果

④ 其他的路径填充颜色的方法和前面所讲的方法相同，不再赘述，如图 7-18 ~ 图 7-23 所示。

⑤ 使用“椭圆工具”，同时使用〈Ctrl〉快捷键绘制正圆，效果如图 7-24 所示。单击“挑选工具”，选中圆，然后再单击“填充工具”，选择“均匀填充”，将气球轮廓填充成蓝色（R:0,G:147，B:221），单击“确定”按钮，如图 7-25 所示，效果如图 7-26 所示。使用同样的方法为气球绘制细节，效果如图 7-27 所示。

图 7-18　设置渐变效果

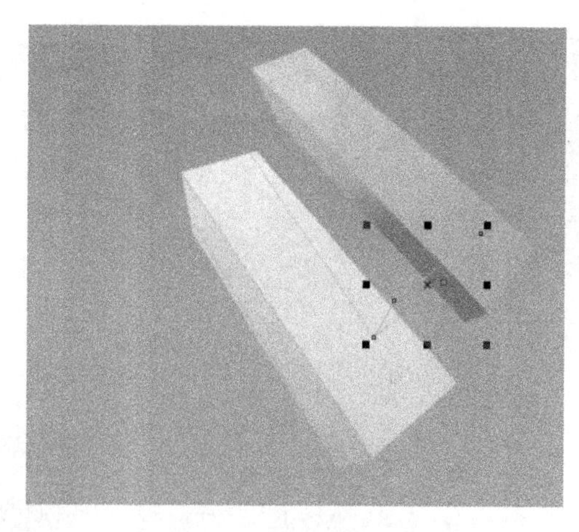

图 7-19　设置渐变效果

图 7-20　设置渐变效果

图 7-21　设置渐变效果

图 7-22　设置渐变效果

图 7-23　设置渐变最终效果

图 7-24　绘制正圆

均匀填充
模型　混和器　调色板
模型(E)：RGB
参考
旧的：
新建：
组件
R 0　G 147　B 221
R 0
G 147
B 221
名称(N)：
加到调色板(A)　选项(P)　确定　取消　帮助

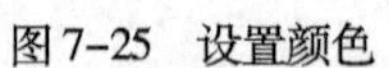

图 7-25　设置颜色

图 7-26　绘制效果

图 7-27　绘制效果

⑥ 使用“折线工具”绘制五角星路径，绘制步骤如图 7-28 ~ 图 7-32 所示。

⑦ 绘制完成后，单击“挑选工具”，用鼠标框选五角星所在区域，效果如图 7-33 所示。单击鼠标右键，弹出快捷菜单，选择“群组”命令。对五角星路径，使用〈Ctrl + V〉组合键进行复制，复制后使用〈Ctrl + C〉组合键进行粘贴。选择“挑选工具”，将路径进行缩放，再次单击路径，当出现弯曲且向两个相反方向箭头时，可进行路径的旋转，如图 7-34 所示，效果如图 7-35所示。

图 7-28　绘制五角星路径

图 7-29　绘制五角星路径

图 7-30　绘制五角星路径

图 7-31　绘制五角星路径

图 7-32　绘制五角星路径

图 7-33　选择路径

图 7-34　旋转路径

图 7-35　图像效果

⑧ 按照上述步骤继续进行路径的复制和粘贴，如图 7-36、图 7-37 所示。

图 7-36　复制路径

图 7-37　复制路径

⑨ 为路径填充颜色，在工具栏中选择“挑选工具”，将一个路径选中，如图 7-38 所示。单击“填充工具”，此时出现一行填充工具，选择“线性”渐变，选择“均匀填充”，将五角星轮廓填充成蓝色（R:19，G:103，B:171），单击“确定”按钮。如图 7-39 所示，效果如图 7-40 所示。

⑩ 使用上述方法，依次填充路径，注意，个别路径的填充方法为渐变填充，上面的步骤中已讲过，这里就不再叙述了。效果如图 7-41 ~ 图 7-47 所示。

图 7-38　选中路径

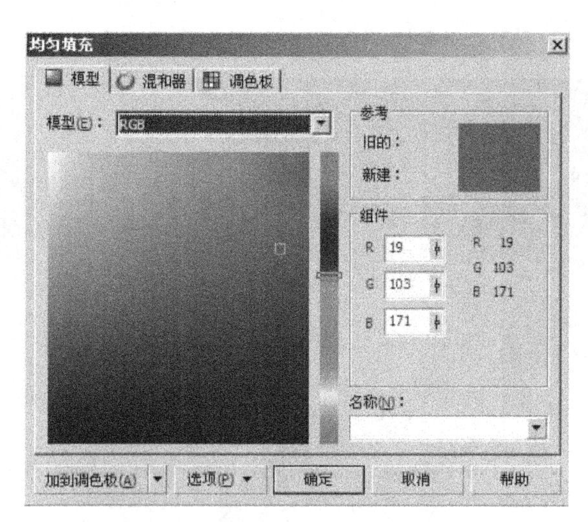

图 7-39　填充颜色

图 7-40　填充效果

图 7-41　填充路径

图 7-42　填充路径

图 7-43　填充路径

图 7-44　填充路径

图 7-45　填充路径

图 7-46　填充路径

图 7-47　填充路径

（3）添加手机及文字。

① 打开第 7 章的素材文件夹，找到“手机 . psd”，选择“文件”中的“导入”命令，将其导入本文件中，并调整大小，效果如图 7-48 所示。

② 选择“文本工具” 字，设置字体为“Broadway BT”、大小为“36”，添加文字，如图 7-49 所示。

③ 为宣传页添加装饰效果，选择“贝塞尔工具”绘制路径，并填充颜色，如图 7-50 所示，最终效果如图 7-51 所示。

图 7-48　导入素材

图 7-49　添加文字

图 7-50　添加图像

图 7-51　最终完成效果

7.2　任务 2：书籍封面设计

封面设计在一本书的整体设计中具有举足轻重的地位。图书与读者见面，首先进入读者眼帘的就是封面。封面是一本书的脸面，是一位不说话的推销员。好的封面设计不仅能招徕读者，使其一见钟情，而且可以耐人寻味，让人爱不释手。封面设计的优劣对书籍的社会形象有着非常重大的意义。在制作书籍封面时，封面设计一般包括书名、编著者名、出版社名等文字，以及体现书的内容、性质、体裁的装饰形象、色彩和构图。本节将设计制作书籍封面，最终效果如图 7-52 所示。

1. 绘图页面的设置

用户在绘图之前需要对绘图页面进行设置，对于一些基本的选项，例如改变页面尺寸、方向等，可通过属性栏来完成。但要设置页面背景或者版面，则需打开“选项”对话框进行设置。

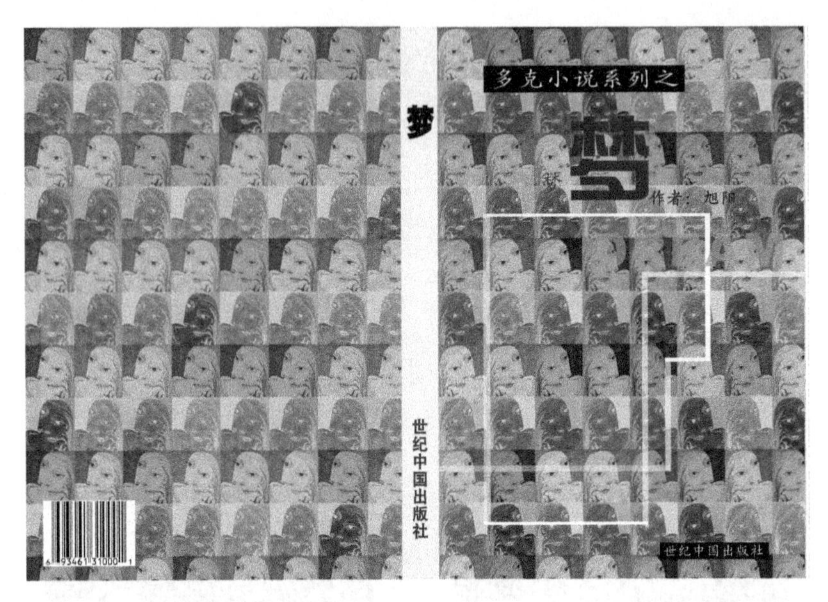

图 7-52　书籍封面设计

选择“挑选工具”，在不选择任何对象的情况下，双击绘图页面的阴影区域，就能快速进入“选项”对话框进行设置。

2. 版面设计中文字的应用

1）文字在版式设计中的重要性

版式设计是新闻传媒的重要组成部分，它不仅是一种技能，也是技术与艺术的高度统一。随着社会的发展，版式设计的表现形式也在悄然变化。作为新闻媒体不可或缺的一部分，它的设计理念、表现手段及技法比其他广告媒介更具传播性，可以说，很好地理解版面设计的技巧、方法，对于丰富版面内涵及提高版式设计的艺术效果有着重要的意义。

设计者的主要任务是以图文的形式传达各种信息。文字作为一种符号，无论在何种视觉媒体中都以其特有的形式美因素直接影响着版面的视觉效果，因此，文字设计是提高作品的诉求力、赋予版面审美价值的一种重要构成技术。

2）版式设计中文字运用的原则

随着科技的迅猛发展，计算机进入了艺术设计领域，各种设计已不再是纯手工制作。计算机中字库的丰富，一方面使设计和宣传变得简单，但另一方面也使许多设计者养成了惰性和依赖性，忽略了对各种字体的审美特性、情感因素、艺术规律，以及适用范围等方面的把握，忽略了徒手书写各种字体的能力培养，使艺术创作变成了一种计算机图像和数据处理的加工与合成，忽略了人才是设计的主体。文字设计是否具有创意，既是设计者思维水准的体现，又是评价一件设计作品好坏的重要标准。

3. 文字的排列方式

在版面设计中，文字的排列比较多样。垂直与水平方向排列的文字稳重、平静；倾斜的文字动感强，通过不同文字方向的编排组合，可以产生十分丰富的变化。主要的方式有：

（1）齐头散尾：齐头散尾的文字犹如行进中的彗星，有明确的方向性，可以起到视觉指引的作用，但此种排法不适用于大量的文字。根据版面设计形式需要决定左对齐和右对齐。

（2）左齐段落法：这是最常见的文章排法，符合人的阅读习惯。但要注意的是：段落中每行文字不宜过长，否则换行阅读很吃力，应利用版面分栏控制大篇幅文字的段落宽度。

（3）中轴对称法：这种排法经常用于对称构图的版面，以保持形式上的统一。

（4）齐头齐尾：齐头齐尾的文字如同规范的几何形体，最具规整性。

（5）文字绕图：弥补图形造成的版面空缺，文字与图保持一定间距，自动绕行跨越。

（6）曲线排列：曲线排列的文字优美而有流动感，但这种排法适用场合较少，一般是为了与版面的曲线构图保持一致的形式美感。此种排法亦不适用于大量的文字。

4.“文本工具”的使用

在 CorelDRAW X6 中，有两种类型的文本，即美术字文本和段落文本。美术字文本适合对少量文字添加各种效果的文本。

如果要创建美术字文本，可以使用“文本工具”字创建美术字文本和段落文本。如果要创建美术字文本，可以使用“文本工具”字直接在绘图窗口单击，然后输入文字即可。如果要创建段落文本，首先用“文本工具”字在绘制窗口拖出一个文本框，然后在该文本框中输入文字。

5.“书籍”封面设计

1）设计思路

“书籍”封面设计包括书名、编著者名、出版社名等文字，以及体现书的内容、性质、体裁的装饰形象、色彩和构图。

2）技术剖析

该案例中，主要运用 CorelDRAW X6 软件中的交互式透明工具和“文本工具”完成书籍封面设计；使用“辅助工具”“交互式透明工具”为书籍封面制作底纹效果；使用“矩形工具”和“文本工具”来进行整个版面文字排版，效果如图 7-53 所示。

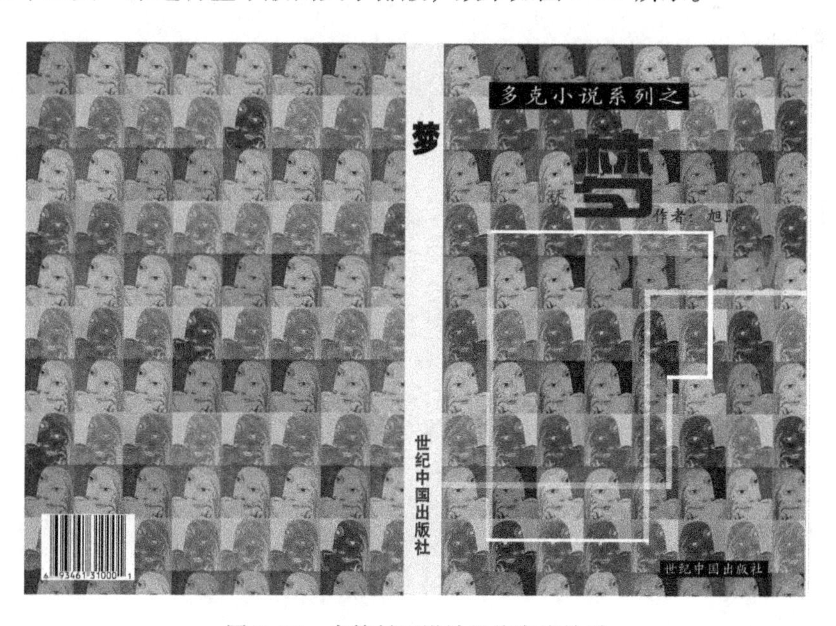

图 7-53　书籍封面设计最终完成效果

3）操作步骤

（1）设计宣传页背景。

① 建立409mm×280mm大小的文件，在文件中建立辅助线，如图7-54所示。

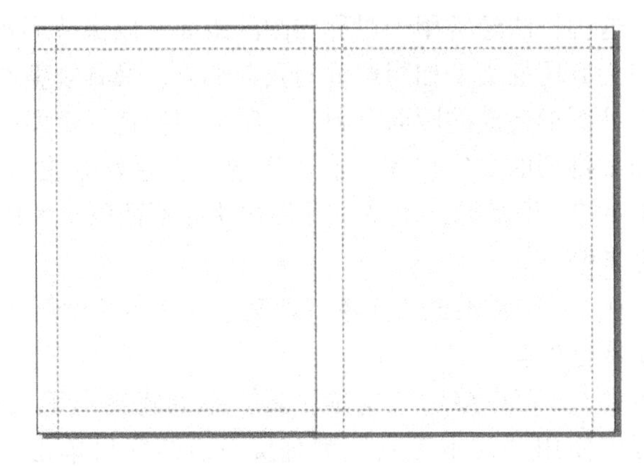

图7-54 新建文件

② 在文件中使用“矩形工具”绘制选区，选择“填充工具”，设置颜色为（C:0, M:0, Y:100, K:0），效果如图7-55所示。

图7-55 填充颜色

③ 使用“矩形工具”为书脊绘制选区，如图7-56所示。

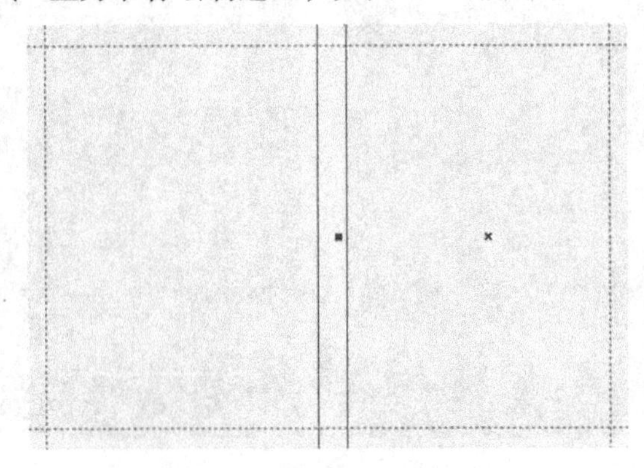

图7-56 绘制选区

④ 在“文件”菜单中选择“导入”命令，将素材文件导入到软件中，效果如图 7-57 所示。选择“挑选工具”，选择文件，在“位图”菜单中选择“转换为位图”命令，如图 7-58。

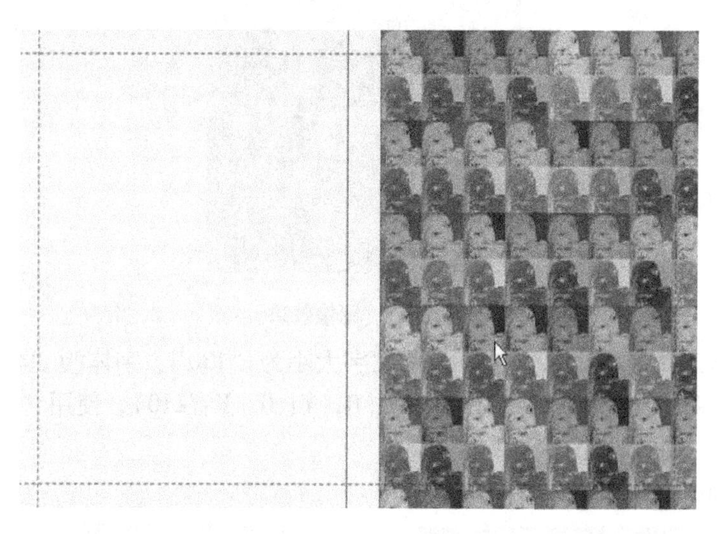

图 7-57　导入素材

⑤ 使用“矩形工具”在图像中绘制矩形，选择“填充工具”，设置颜色为（C:0, M:0, Y:0, K:0），效果如图 7-59 所示。

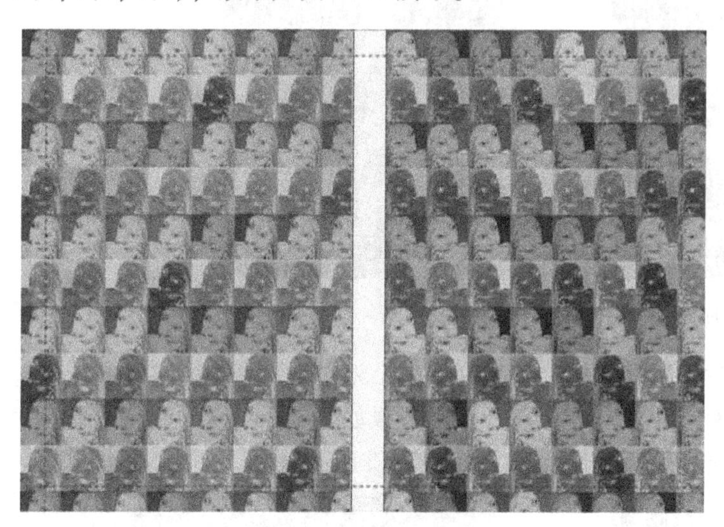

图 7-58　转换为位图

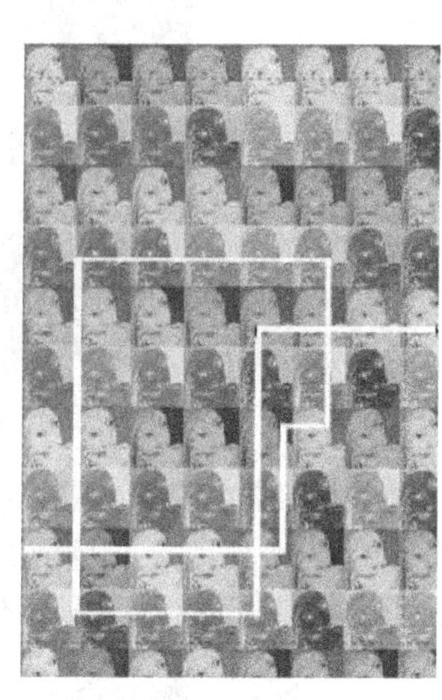

图 7-59　设置颜色

⑥ 使用“交互式透明工具”，选择矩形，对不透明度进行设置，如图 7-60 所示。效果如图 7-61 所示。

图 7-60　设置不透明度

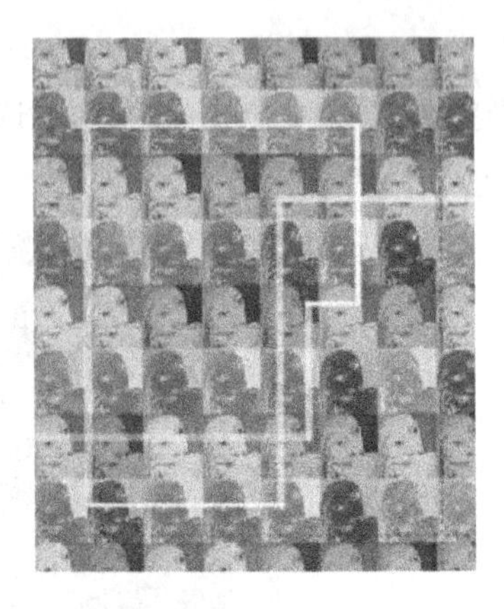

图 7-61　图像效果

⑦ 用“文本工具”字输入文字，设置文字大小为“130”、字体为“华康简综艺”，选择“填充工具”，设置颜色为（C：0，M：0，Y：0，K：110），使用“矩形工具”在图像中绘制矩形，效果如图 7-62 所示。

⑧ 继续添加文字。效果如图 7-63 所示。

图 7-62　添加文字

图 7-63　添加文字

⑨ 用“文本工具”字输入文字“DREAM”，设置文字大小为“68”、字体为 Arial Black，选择“填充工具”，设置颜色为(C:100,M:0,Y:0,K:0)，效果如图 7-64 所示。使用“交互式透明工具”，选择矩形，对不透明度进行设置，效果如图 7-65 所示。

图 7-64　添加文字

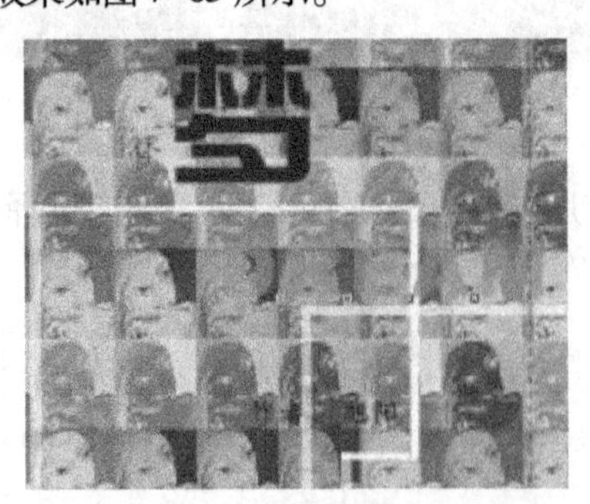

图 7-65　设置不透明度的效果

⑩ 用“文本工具” 输入文字“世纪中国出版社”，设置文字大小为“24”、字体为 Adobe 黑体 Std R ，选择“填充工具” ，设置颜色为（C:0,M:0,Y:0,K:100），效果如图 7-66 所示。在“文本工具”的选项栏中单击按钮，效果如图 7-67 所示，并绘制书名，效果如图 7-68 所示

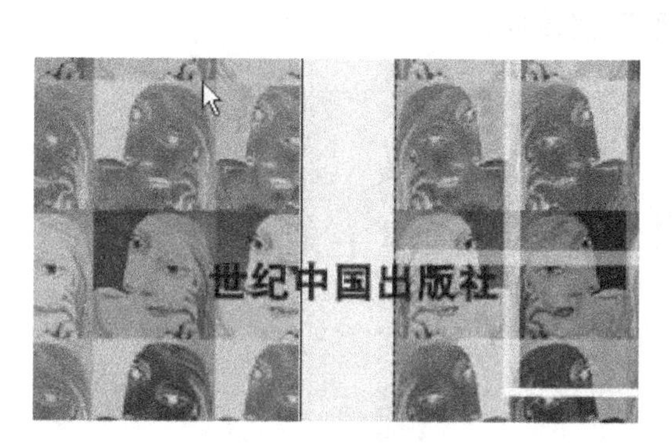

图 7-66　添加文字

图 7-67　设置文字纵向

⑪ 在“编辑”菜单中选择“插入条码”命令，弹出“条码向导”对话框，如图 7-69 所示，效果如图 7-70 所示。

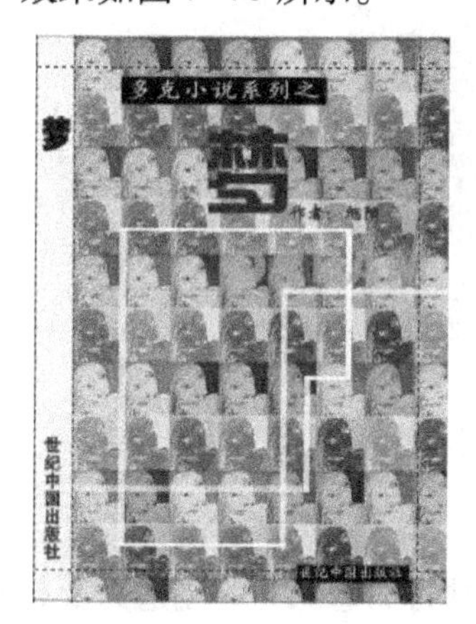

图 7-68　书名效果

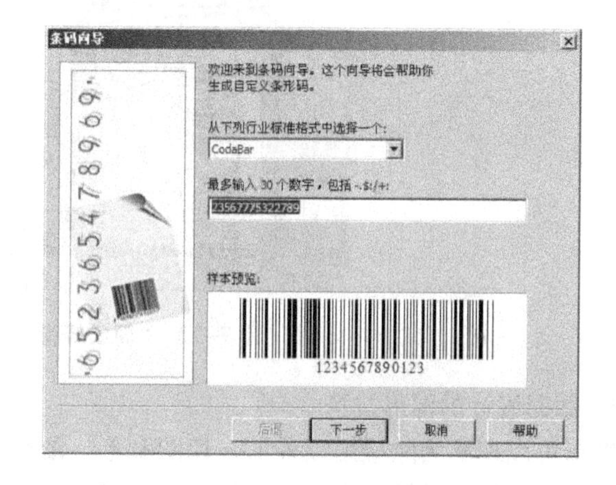

图 7-69　“条码向导”对话框

⑫ 填充图案，最终效果如图 7-71 所示。

图 7-70　添加条码

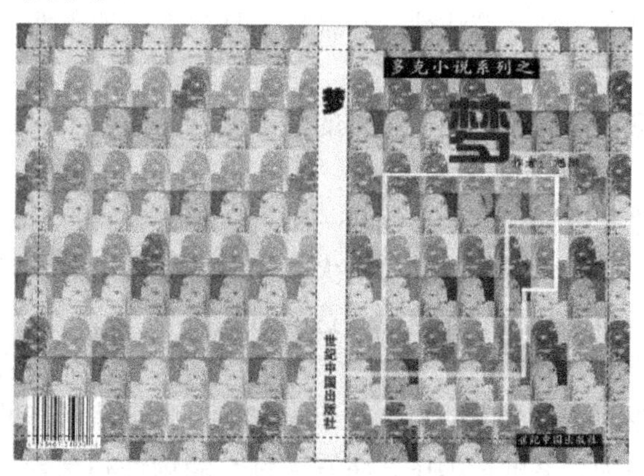

图 7-71　最终效果

7.3 任务3：企业宣传页

本节将主要运用CorelDRAW X6软件中的“贝塞尔工具”和线条绘制工具设计制作如图7–72所示的企业宣传页——“简氏蜂蜜”宣传页。

图7–72 “简氏蜂蜜”宣传页

1. 版面设计的图形排列

图形可以理解为除摄影以外的一切图和形。图形以其独特的想象力、创造力及超现实的自由构造，在排版设计中展示着独特的视觉魅力。在国外，图形设计师已成为一种专门的职业。图形设计师的社会地位已伴随图形表达形式所起的社会作用，日益被人们认同。图形主要具有以下特征：简洁性、夸张性、具象性、抽象性、符号性、文字性。

1）图形的简洁性

图形在排版设计中最直接的效果就是简洁明了、主题突出。

2）图形的夸张性

夸张是设计师最常借用的一种表现手法，它将对象中的特殊性和个性中美的方面进行明显夸大，并凭借想象，充分扩大事物的特征，形成新奇变幻的版面情趣，以此来加强版面的艺术感染力，从而加速信息传达的时效。

3）图形的具象性

具象性图形最大的特点在于真实地反映自然形态的美。在以人物、动物、植物、矿物或自然环境为元素的造型中，将写实性与装饰性相结合，令人产生具体清晰、亲切生动和信任感，以反映事物的内涵和自身的艺术性去吸引和感染读者，使版面构成一目了然，深得读者尤其是儿童的喜爱。

4）图形的抽象性

抽象性图形以简洁单纯而又鲜明的特征为主要特色。它运用几何形的点、线、面及圆、方、三角等形来构成，是规律的概括与提炼。所谓“言有尽而意无穷”，就是利用有限的形式语言所营造的空间意境，让读者用想象力去填补、去联想、去体会。这种简练精美的图形为现代人们所喜闻乐见，其表现的前景是广阔的、深远的、无限的，而构成的版面更具有时代特色。

3.“椭圆工具”的运用

（1）保持“挑选工具”无任何选取的情况下，选择“椭圆工具”，属性栏中的选项设置如图7-73所示。

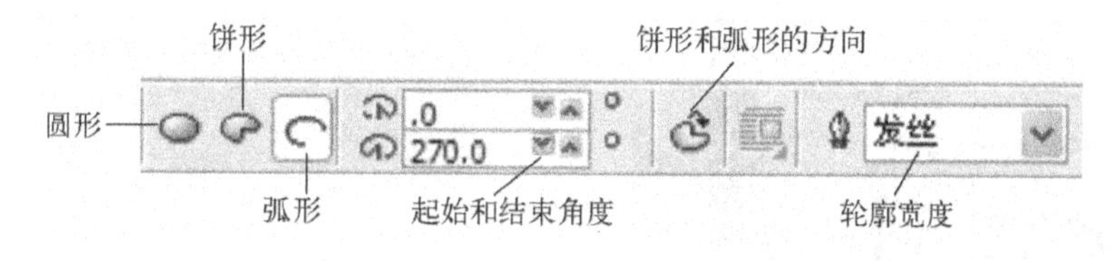

图7-73 “椭圆工具”属性栏

（2）分别选择“圆形”、“饼形”和“弧形”后，在绘制窗口中将分别绘制出圆形、饼形和弧形。

（3）绘制半圆形则可以选择“饼形”工具，在绘制窗口中将分别绘制出饼形，再通过修改其起始和结束角度为180°（如图7-74所示），可以绘制出半圆，如图7-75所示。

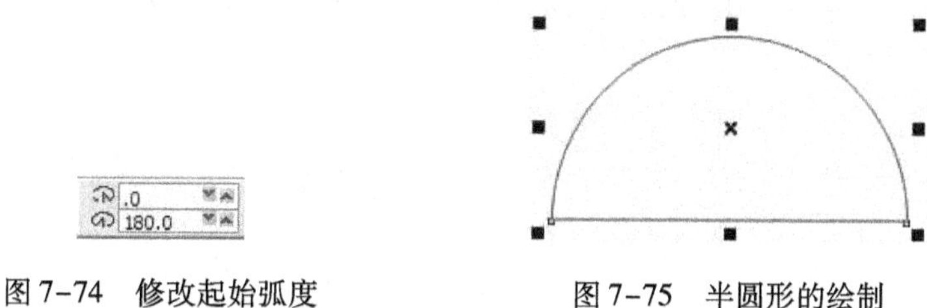

图7-74 修改起始弧度　　图7-75 半圆形的绘制

4. 企业宣传页

1）设计思路

宣传页能有效地提升企业形象，更好地展示企业产品和服务，说明产品的功能、用途、使用方法及特点。该案例是一个蜂蜜企业宣传页设计，通过图形绘制及文字编排完成版面效果的制作。

2）技术剖析

该案例中，主要运用CorelDRAW X6软件中的“贝塞尔工具”和“文本工具”制作蜂蜜企业宣传页。完成该宣传页的绘制首先需要设计背景，然后使用“贝塞尔工具”“多边形工具”“椭圆工具”来绘制蜂蜜瓶身，再结合“文本工具”、版式编排，将蜂蜜企业宣传页呈现在眼前。效果如图7-76所示。

3）操作步骤

（1）设计宣传页背景。

① 建立A4大小文件，单击工具箱中“矩形工具”按钮，在工作区中拖动鼠标绘制一个矩形。选择“填充工具”，设置颜色为（C：5，M：7，Y：96，K：0），效果如图7-77所示。

图7-76　企业宣传页

图7-77　新建文件

② 选择“贝塞尔工具”绘制路径，如图7-78所示，并填充颜色，选择“填充工具”，设置颜色为（C：4，M：2，Y：38，K：60），效果如图7-79所示。

图7-78　绘制路径

图7-79　填充颜色

（2）绘制蜂蜜瓶。

① 选择“贝塞尔工具”绘制路径，绘制结束后，选择“挑选工具”，单击“轮廓

工具”按钮，选择轮廓，这时，可在轮廓宽度组合框中设置数值 2.0 mm ，效果如图 7-80 所示。选择“填充工具”，设置颜色为（C：0，M：20，Y：100，K：0），效果如图 7-81 所示。

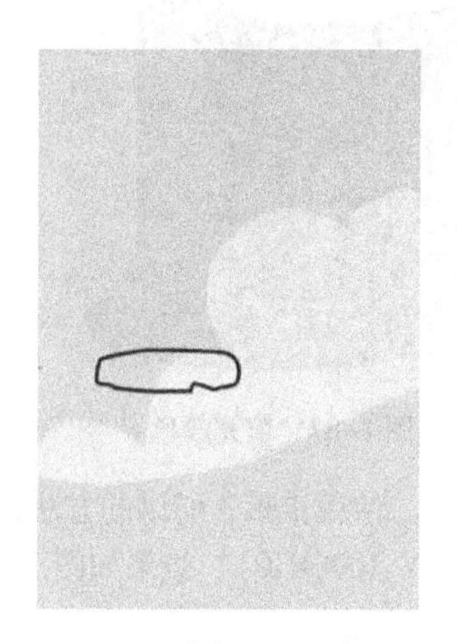

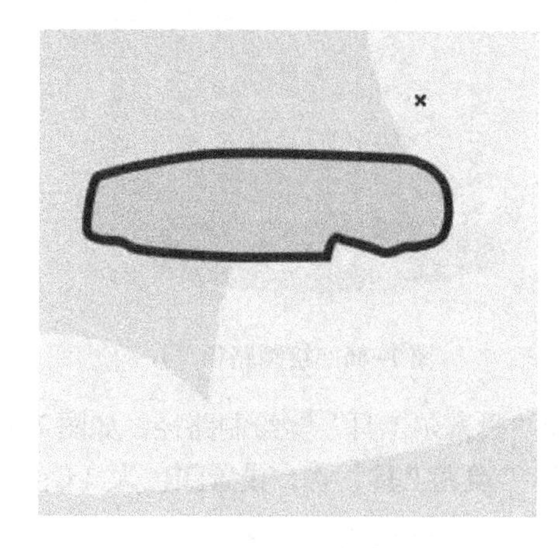

图 7-80　设置轮廓宽度

图 7-81　填充颜色

② 选择“贝塞尔工具”绘制路径，如图 7-82 所示。选择“填充工具”，设置颜色为（C:0,M:0,Y:60,K:0），效果如图 7-83 所示。

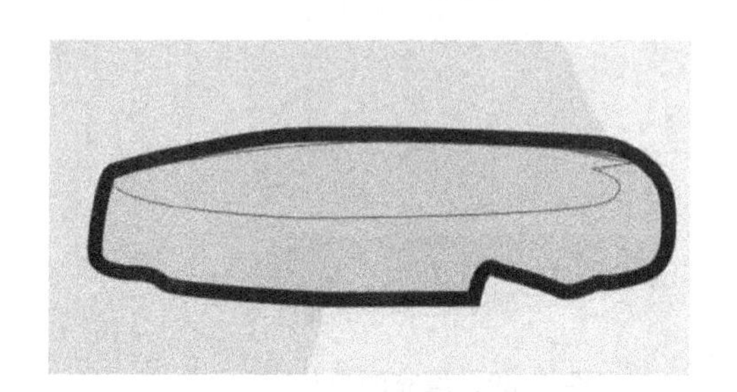

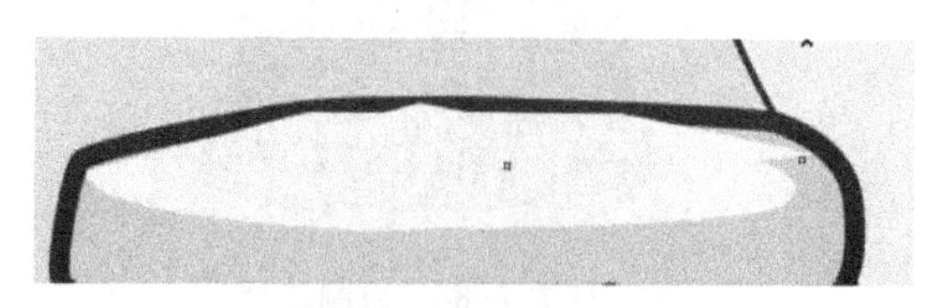

图 7-82　绘制路径

图 7-83　填充颜色

③ 选择“贝塞尔工具”绘制路径，如图 7-84 所示。选择“填充工具”，设置颜色为（C:0,M:0,Y:20,K:0），效果如图 7-85 所示。

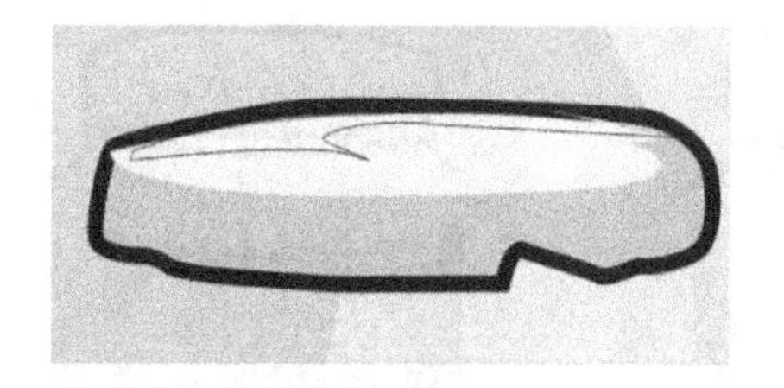

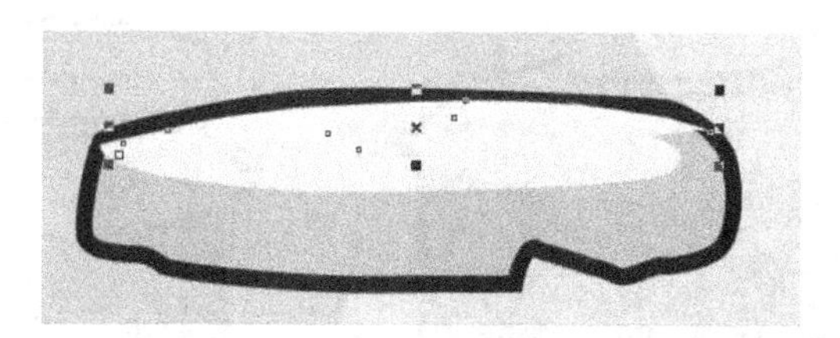

图 7-84　绘制路径

图 7-85　填充颜色

④ 选择“贝塞尔工具”绘制路径，如图 7-86 所示。将边线加粗为 2.8，选择“填充工具”，设置颜色为（C:54,M:92,Y:97,K:12），效果如图 7-87 所示。

图7-86　绘制路径

图7-87　填充颜色

⑤ 选择“贝塞尔工具”绘制路径，如图7-88所示。使用步骤3所讲的方法，将边线加粗为2，选择“填充工具”，设置颜色为（C:0,M:20,Y:100,K:0），效果如图7-89所示。

图7-88　绘制路径

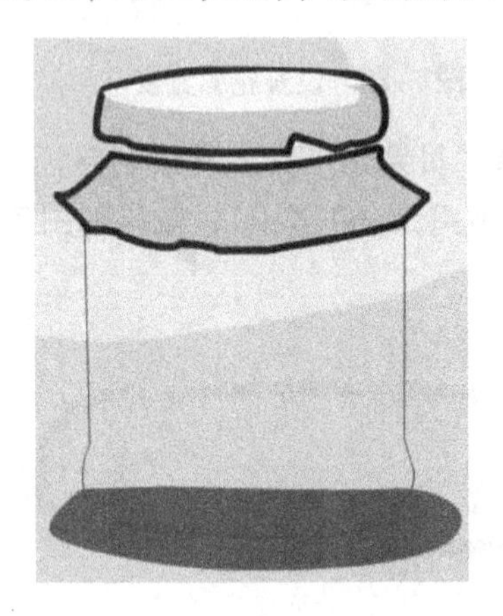

图7-89　填充颜色

⑥ 选择“贝塞尔工具”绘制路径，如图7-90所示，设置颜色为（C：11，M：75，Y：96，K：0），效果如图7-91所示。选择“贝塞尔工具”绘制路径，设置颜色为（C：14,M：29,Y:93,K:0），效果如图7-92所示。

图7-90　绘制路径

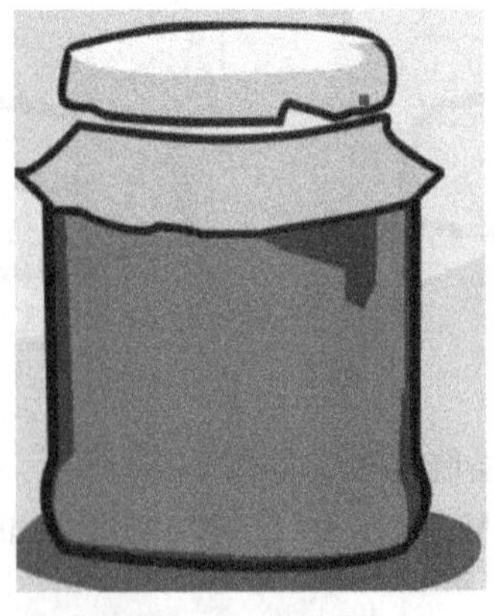

图7-91　填充颜色

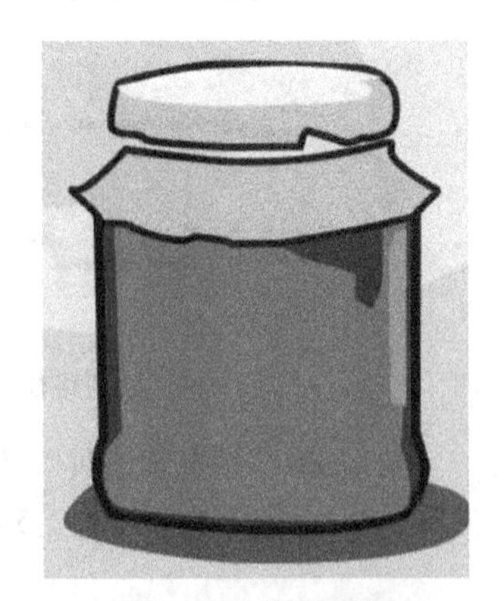

图7-92　填充颜色

⑦ 选择“贝塞尔工具”绘制路径，如图 7-93 所示。选择“填充工具”，设置填充颜色，效果如图 7-94 所示。

图 7-93　绘制路径

图 7-94　填充颜色

⑧ 选择“贝塞尔工具”绘制路径，如图 7-95 所示。选择“填充工具”，设置颜色为（C:3,M: 5,Y:42,K:0），效果如图 7-96 所示。

图 7-95　绘制路径

图 7-96　填充颜色

⑨ 选择“贝塞尔工具”绘制路径，选择“填充工具”，设置填充颜色，效果如图 7-97所示。

⑩ 使用“椭圆工具”，按住〈Ctrl〉键，绘制正圆，效果如图 7-98 所示。并加粗线条，选择“贝塞尔工具”绘制线段，设置线段粗细，效果如图 7-99 所示。

图 7-97　填充颜色

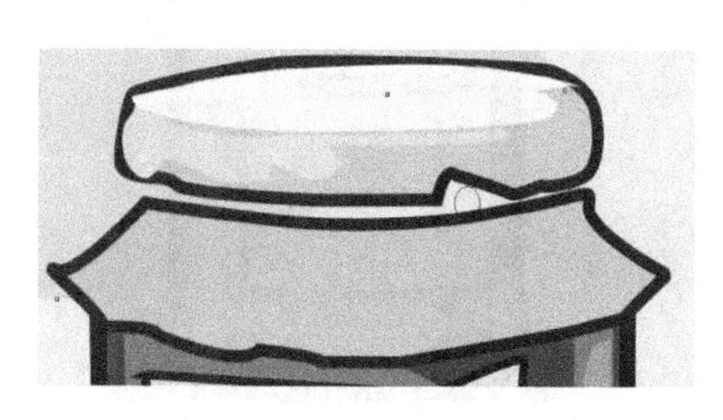
图 7-98　绘制路径

图 7-99　填充颜色

⑪ 选择“贝塞尔工具”绘制路径，如图 7-100 所示。将边线加粗为 2，选择“填充工具”，设置颜色为（C:3,M: 4,Y:21,K:0），效果如图 7-101 所示。

图 7-100　绘制路径

图 7-101　填充颜色

⑫ 选择“贝塞尔工具”绘制路径，如图 7-102 所示。选择“填充工具”，设置颜色为（C:0,M: 0,Y:60,K:0），效果如图 7-103 所示。

图 7-102　绘制路径

图 7-103　填充颜色

⑬ 选择“贝塞尔工具” 绘制路径，将边线加粗为2，选择“填充工具” ，设置填充颜色，效果如图7-104、图7-105所示。

图7-104　填充颜色

图7-105　填充颜色

⑭ 选择“多边形工具” 绘制路径，将边数设置为6，绘制路径，如图7-106所示，然后复制并描边路径，效果如图7-107所示。

图7-106　绘制路径

图7-107　描边路径

⑮ 选择“贝塞尔工具” 绘制路径，如图7-108所示。选择“填充工具” ，设置颜色为（C:8,M:11,Y:70,K:0），效果如图7-109所示。

图7-108　绘制路径

图7-109　填充颜色

⑯ 同步骤 14，选择“多边形工具”，将边数设置为 6，绘制路径，如图 7-110所示。然后复制并描边路径，效果如图 7-111 所示。

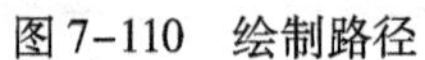

图 7-110　绘制路径　　图 7-111　描边路径

⑰ 选择“贝塞尔工具”绘制路径，如图 7-112 所示。将边线加粗为 1.5 选择“填充工具”，设置颜色为（C:3,M: 9,Y:95,K:0），效果如图 7-113 所示。

图 7-112　绘制路径

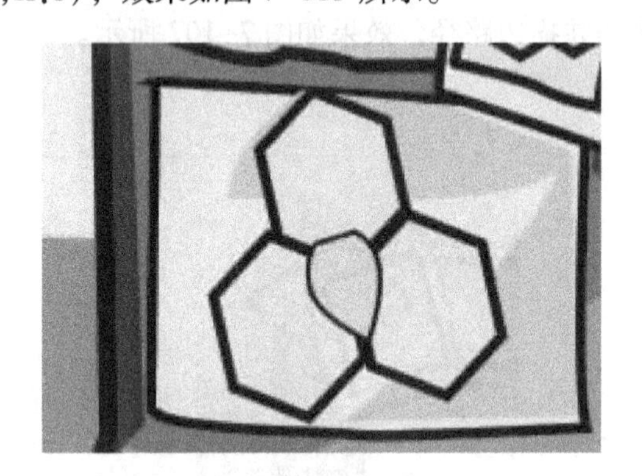

图 7-113　填充颜色

⑱ 选择“贝塞尔工具”绘制路径，如图 7-114 所示。选择“填充工具”，设置颜色为（C:0,M: 0,Y:0,K:100），效果如图 7-115、图 7-116 所示。

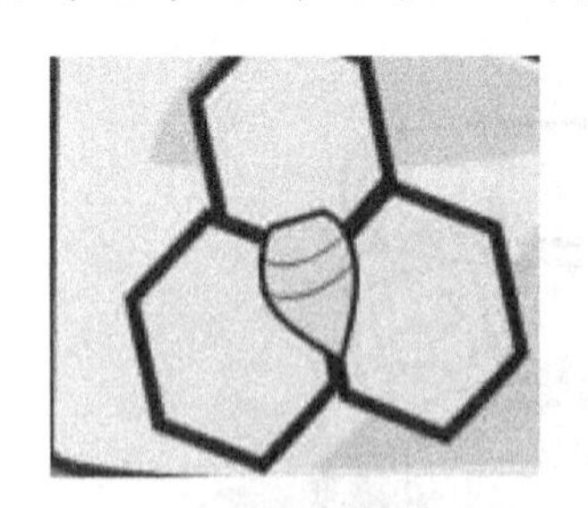

图 7-114　绘制路径

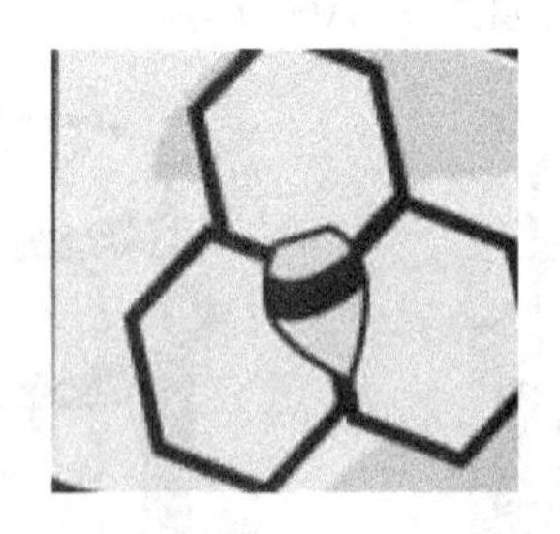

图 7-115　填充颜色

图 7-116　填充颜色

⑲ 选择“贝塞尔工具”绘制路径，如图 7-117 所示。将边线加粗为 1.5，选择“填充工具”，设置颜色为（C:18,M:8,Y:9,K:0），效果如图 7-118、图 7-119 所示。

图 7-117　绘制路径

图 7-118　填充颜色

图 7-119　填充颜色

⑳ 使用“椭圆工具”，按住〈Ctrl〉键，绘制正圆，绘制路径如图 7-120 所示。选择“填充工具”，设置颜色为（C:0,M: 0,Y:0,K:100），效果如图 7-121 所示。

图 7-120　绘制路径

图 7-121　填充颜色

㉑ 将刚才绘制的蜜蜂，使用〈Ctrl + D〉组合键进行再制，效果如图 7-122、图 7-123 所示。

图 7-122　再制蜜蜂

图 7-123　再制蜜蜂

㉒ 使用“文本工具” 输入文字，设置文字字体为“方正少儿_ GBK”、大小为“72”。最终效果如图 7-124 所示。

图 7-124　最终效果

项目 8　综合实例——广告设计

本项目要点：

- 了解广告的分类形式。
- 了解广告设计的功能。
- 了解广告设计中文案的几种形式。
- 掌握各类广告设计制作的方法和思路。

8.1　任务 1：酒的创意招贴

RIO 锐澳鸡尾酒是由各种烈酒、果汁混合而成的，含有适当的酒精成分，是一种能使人感到爽洁愉快的浪漫饮品。它是属于年轻人的时尚至酷，代表不羁与个性、叛逆与张扬、率性与纯真、独立与自我。本节通过设计鸡尾酒的创意招贴来体现产品的个性，如图 8-1 所示。

图 8-1　酒的创意招贴

广告设计是基于计算机平面设计技术，随着广告行业发展所形成的综合性学科。它的主要特征是利用图像、文字、色彩、版面、图形等广告表现元素，结合广告媒体的使用特征，在计算机上通过相关设计软件实现广告目的和意图，是平面艺术创意的一种设计活动或过程。

1. 广告常见类型

1）商业广告

商业广告是指商品经营者或服务提供者承担费用，通过一定的媒介和形式直接或间接地介绍所推销的商品或提供的服务的广告。商业广告是人们为了利益而制作的广告，是为了宣传某种产品，吸引人们去购买它。

2）公益广告

公益广告是以为公众谋利益和提高福利待遇为目的而设计的广告，是企业或社会团体向消费者阐明它对社会的功能和责任，表明自己追求的不仅仅是从经营中获利，而是过问和参与如何解决社会问题和环境问题这一意图的广告，它是指不以营利为目的而为社会公众切身利益和社会风尚服务的广告。

2. 酒的创意招贴

1）设计思路

RIO锐澳鸡尾酒有不同的酒精浓度、不同的果汁浓度，有适合餐饮的，有适合女性美容养颜的，有根据不同季节时令水果口味的等多种类别，并以品类的形式与啤酒市场产生了直接的竞争。本案例的设计运用各种方式抓住和强调产品或主题本身与众不同的特征，以酒瓶图形为主体，并把它鲜明地表现出来，将这些特征置于广告画面的主要视觉部位或加以烘托处理，使观众在接触广告画面的瞬间即能很快感受到这些特征，并对其产生注意和视觉兴趣，达到刺激购买欲望的促销目的。在广告表现中，这些应着力加以突出和渲染的特征，一般由富于个性的产品形象、与众不同的特殊造型、企业标志和产品的商标等要素来决定。

2）技术剖析

该案例中，主要运用CorelDRAW X6软件中的“贝塞尔工具”和“文本工具”制作。完成该招贴的绘制首先需要使用“贝塞尔工具”“图框精确剪裁工具”制作彩色瓶子效果；然后导入企业标志，再结合“文本工具”、版式编排效果来进行设计制作。效果如图8-2所示。

图8-2　酒的创意招贴

3）制作步骤

（1）设计招贴背景。

① 启动CorelDRAW X6后，新建一个文档，并以“酒的创意招贴”为文件名保存。

② 建立 A4 大小的文件，页面设置为竖向。在文件中使用“矩形工具”绘制选区，设置填充颜色为（C:85,M:82,Y:42,K:17），效果如图 8-3 所示。

图 8-3　绘制底色效果

（2）招贴图形设计。

① 绘制彩色瓶子。RIO 酒瓶采用独特的瓶形设计，已成为该品牌的一大特点，用“贝塞尔工具”绘制瓶子的曲线，调整控制点，调节直线和曲线的形状。选择“手绘工具”，绘制多个三角形，填充各种颜色，拼成五彩的三角形花纹。

将三角形花纹图形选中，选择菜单栏中的“效果”→“图框精确剪裁”→“放置在容器中”命令，这时光标会变为➡形状，将箭头指向酒瓶形状，单击鼠标，图形将被精确放置于选中的容器内。选中矩形，单击鼠标右键，编辑内容，调整三角形花纹图片的位置，再单击鼠标右键，选择 结束编辑(F) 命令，并放置在画面中间位置，效果如图 8-4 所示。

图 8-4　绘制彩色瓶子效果

② 将彩色瓶子放置在招贴的中间位置，再复制一个单色酒瓶，填充颜色为（C：85，M：78，Y：0，K：4），置于彩色瓶子左下方，制作瓶子阴影效果。将封面矩形转换成曲线 转换为曲线(V) Ctrl+Q ，用“形状工具”调整封面右侧轮廓，将其裁剪成为酒瓶的形状，这也是招贴设计个性的体现。效果如图 8-5 所示。

③ 用“矩形工具”绘制各种长度的矩形，执行“顶端对齐”命令，填充各种颜色，放置在招贴的顶部，效果如图 8-6 所示。

图 8-5 招贴图形效果

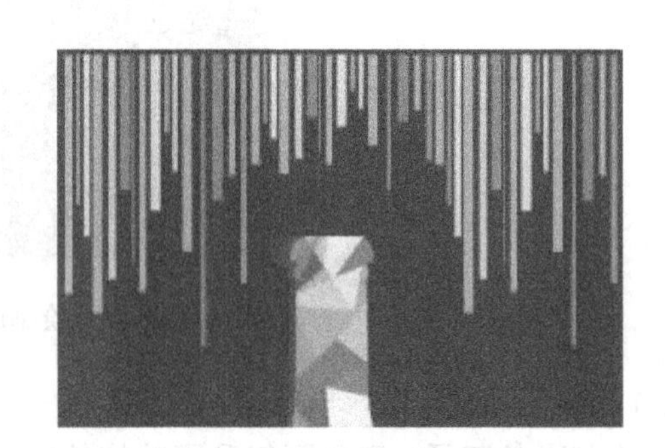

图 8-6 招贴彩条效果

④ 用“矩形工具”绘制一个 46 mm × 46 mm 的正方形，填充颜色为白色（C:0,M:0,Y:0,K:0），轮廓颜色为白色（C:66,M:71,Y:7,K:7），宽度为 2 mm。将上一步骤绘制的彩条、RIO 标志放置在正方形中，效果如图 8-7 所示。

（3）标志及图形排版。

将标志图形编排在招贴中间位置，招贴最终完成效果如图 8-8 所示。

图 8-7 标志图形组合效果

图 8-8 创意招贴最终完成效果

8.2 任务2：化妆品广告制作

来自美国的美宝莲美容化妆品，始终致力于追求产品的完美，为现代女性提供最动人的化妆效果。这是一款美宝莲夏日唇彩系列的折扣宣传广告，如图8-9所示，广告针对的主要群体是25~45岁女性消费者。

图8-9　化妆品广告最终完成效果

1. 广告设计的功能

（1）传递信息：向特定目标受众传达某种观念、商品或企业信息，以期达到促进销售的目的。

（2）树立形象：企业形象广告、公益广告树立的良好的品牌和企业形象，可影响消费者对企业的信心，使企业及其产品获得很高的记忆度、熟悉度，以及良好的印象度和行为支持度，从而大大提高产品和服务在市场上的竞争力。

（3）激发购买：促进销售，利于竞争。在市场经济中，通过广告可加速商品流通，提高商品的销量。

（4）说服受众：集中展示商品的优点、特点，有效调动消费者的潜在需要。

（5）审美愉悦：优秀广告作品能带来一种赏心悦目的快感并吸引公众的注意力。因为大多数广告是通过艺术的表现手法来传达信息的，同样具有美感和艺术价值，成为受众的娱乐活动之一。

2. 化妆品广告制作

1）设计思路

美宝莲夏日唇彩的宣传广告如图8-10所示，为配合夏日冰爽的感觉，特别选择蓝白背景图案和透明水珠效果融合的背景，希望该唇彩系列能在炎炎夏日带给消费者一种清爽的感觉。

2）技术剖析

该案例中，主要运用 CorelDRAW X6 软件中“矩形工具”“形状工具”“填充工具”“交互式透明工具”制作出蓝白色背景与“水滴”图案的融合效果，搭配上处理好的图片，输入文字，使画面既能突出产品特点，又能营造出清凉的视觉效果。

图 8-10　化妆品广告最终完成效果

3）制作步骤

（1）创建新文档并保存。

① 启动 CorelDRAW X6 后，新建一个文档，默认纸张大小为 A4，设置为横向。

② 单击页面左上方的“文件”按钮，在下拉菜单中选择“另存为”命令，以“化妆品广告”为文件名保存。

（2）绘制背景。

① 打开“素材”文件夹，导入图片“背景.jpg”，按下〈P〉键，将图片放置在画面居中的位置，如图 8-11 所示。

图 8-11　导入背景图片

② 选择“矩形工具”，绘制一个矩形，设置矩形的尺寸为：宽 297mm、高 64mm，放置在画面底端位置。单击属性栏中的图标，将矩形“转曲”，如图 8-12 所示。

③ 选择“形状工具”，在矩形的 1/3 处创建一个节点，并往下拖动，效果如图 8-13 所示。

图 8-12　绘制矩形

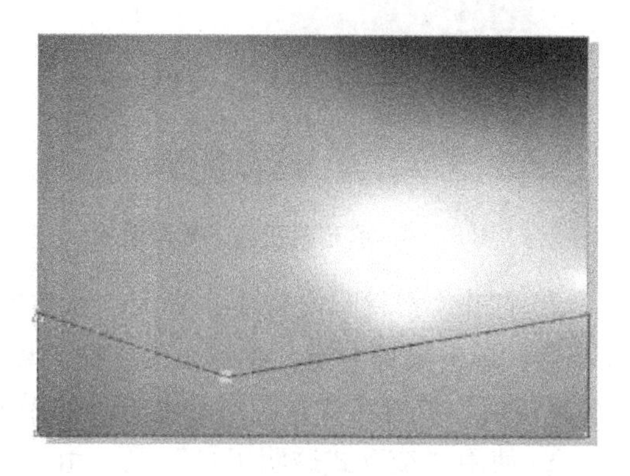

图 8-13　创建节点

④ 再选择“形状工具”，将鼠标移动到直线上，单击鼠标右键，在弹出的快捷菜单中选择“到曲线”命令，将直线调整为如图 8-14 所示的曲线。

⑤ 单击“填充工具”中的“渐变填充”按钮，打开“渐变填充”对话框，选择“类型”为“线性”，设置颜色为“从（F）”浅黄（C:0,M:0,Y:60,K:0）“到（O）”黄色（C:0,M:0,Y:100,K:0），单击“确定”按钮，为调整后的矩形填充一个渐变色，并去掉轮廓线，如图 8-15 所示。

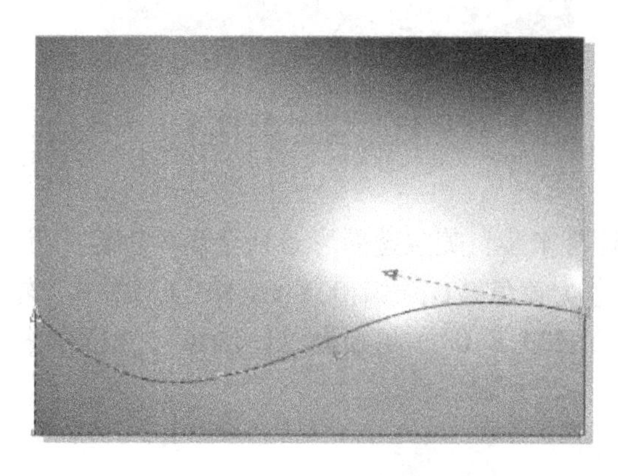

图 8-14　调节曲线

图 8-15　填充渐变色

⑥ 将渐变色色块复制一个，设置渐变填充。设置颜色为“从（F）”蓝色（C:100,M:100,Y:0,K:0）“到（O）”青色（C:100,M:0,Y:0,K:0），单击“确定”按钮。运用“形状工具”对新复制的渐变色块的形状进行微调，最终效果如图 8-16 所示。

⑦ 打开“素材”文件夹，导入“模特.psd”，将画面中的模特放置在画面的右侧。选中模特，单击鼠标右键，在弹出的快捷菜单中选择“顺序”→“置于此对象前”命令，将模特放置在背景图层的上方。效果如图 8-17 所示。

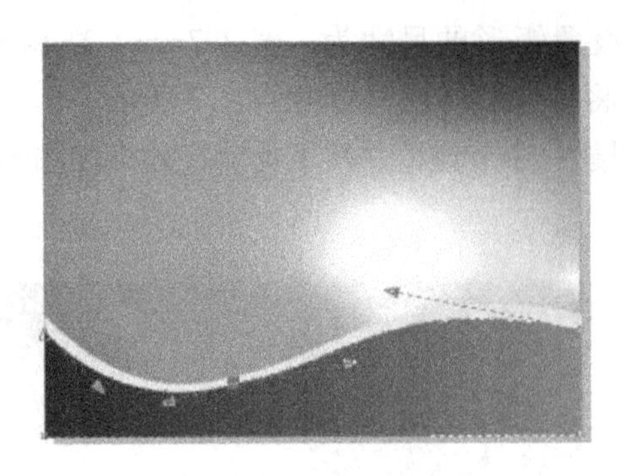

图 8-16　填充渐变色，微调形状

图 8-17　导入素材，调整顺序

⑧ 打开“素材”文件夹，导入“水滴背景.jpg”，将图片导入到画面中。调整好图片的大小后，单击鼠标右键，在弹出的快捷菜单中选择“顺序”→“置于此对象前”命令，将“水滴背景”放置在背景图层的上方。效果如图 8-18 所示。

⑨ 使用“交互式透明工具” ，由下至上拖移出“线性”不透明度效果，如图 8-19 所示。

图 8-18　导入素材，调整顺序

图 8-19　设置不透明效果

（2）输入文字，添加素材。

① 选择“文本工具” ，输入文字“夏日惊喜来袭！美宝莲唇彩系列全场 5 折起！”设置字体为“华文行楷”、大小为“44pt”、填充颜色为黄色（C:0,M:0,Y:60,K:0）。选择“轮廓笔工具” ，设置轮廓色为红色（C:0,M:100,Y:100,K:0）、粗细为“1.5 mm”。在属性栏中设置旋转的角度为“9.5°”，文字最终效果如图 8-20 所示。

图 8-20　设置文字效果

小提示

在 CorelDRAW 中，有两种类型的文本，即美术字文本和段落文本。美术字文本适合制作字数不多但需要设置各种效果的文本对象，例如标题等。段落文本类适合文字较多的情况。

② 选择“贝塞尔工具”，绘制如图 8-21 所示的两个三角形，为其填充黄色（C:0，M:20，Y:100，K:0），并去掉轮廓线。

③ 打开“素材”文件夹，导入“标志.psd”，将素材导入到画面中。单击鼠标右键，取消“群组”状态，调整素材的大小，放置在如图 8-22 所示的位置。

图 8-21　绘制三角形并填充

图 8-22　导入标志等素材

④ 继续导入素材。将素材“唇彩.psd”导入到画面中，运用“选择工具”调整其大小，放置在如图 8-23 所示的位置。

图 8-23　导入“唇彩”

⑤ 选择“文本工具” 字，输入如图 8-24 所示的文字内容。设置字体为“华文行楷”、大小为“20pt”、填充颜色为蓝色（C:100，M:100，Y:0，K:0）。选择“选择工具”，调整文字的行间距，文字最终效果如图 8-25 所示。

小提示

输入多排文字，按键盘上的〈Enter〉键，换行继续输入即可。配合闪烁的光标还可先后移动光标输入标点符号。

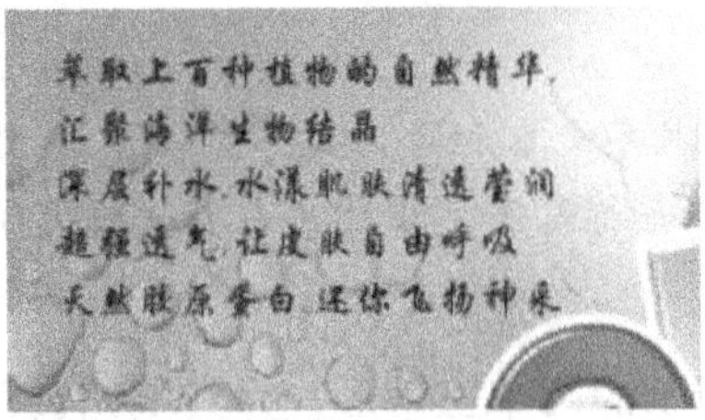

图 8-24　输入文字

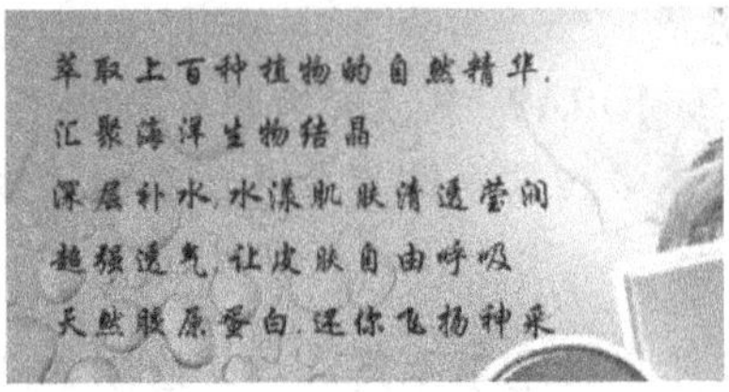

图 8-25　文字最终效果

⑥ 继续选择“文本工具”字，输入如图 8-26 所示的文字内容。设置字体为“Arial”、大小为“18pt”、填充颜色为黑色，将其放置在画面右下方。

⑦ 选择“椭圆工具”，按住〈Ctrl〉键创建一个正圆形。在属性栏中设置圆的半径为“3 mm”。设置其轮廓线的颜色为白色、粗细为“0.5 mm”，效果如图 8-27 所示。

图 8-26　输入文字

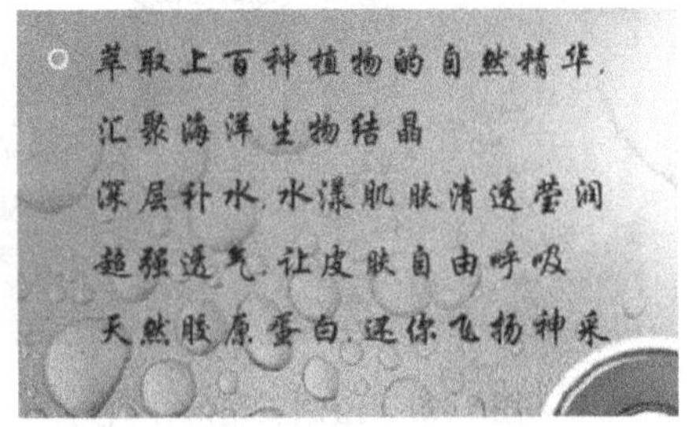

图 8-27　绘制圆形

⑧ 选中圆形，按住〈Ctrl〉键往下拖动并复制一个圆，执行〈Ctrl + R〉组合键，等距离复制出其他的圆，效果如图 8-28 所示。

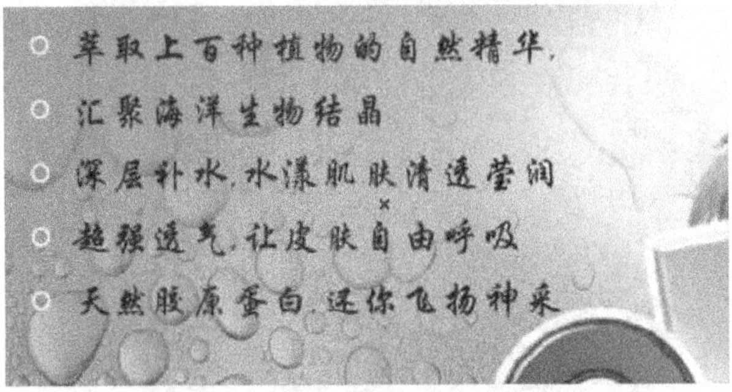

图 8-28　等距离复制圆形

小提示

〈Ctrl + R〉组合键就是重复复制键。它能记录你第一次复制对象时的距离、角度值、比例等，当你需要重复第一次的复制效果时，就可以再次按下〈Ctrl + R〉组合键，从而得到相同的复制效果。

（3）生成最终效果。

① 观察画面的整体效果，进行细微的调节。

② 选择“文件”下拉菜单下的“保存”命令，即可完成“化妆品广告”的制作。“化妆品广告”的最终效果如图 8-29 所示。

图 8-29　化妆品广告最终完成效果

8.3　任务 3：食品广告

奶糖几乎是每个人小时候最美好而甜蜜的记忆，“好味奶糖”选用来自草原牧场的纯鲜牛奶制成，因此这里选择了一幅蓝天、草地的图片作为广告的背景，让人通过画面能感受到来自大草原的清新自然，如图 8-30 所示。

图 8-30　奶糖广告最终完成效果

文字是平面广告不可缺少的构成要素，配合图形要素传达广告的主题和信息。

1. 标题

标题是文案中的关键元素，即广告的题目，有引人注目、引起兴趣、诱读正文的作用。标题在版面编排时，根据广告不同的主题，配合图形造型的需要，选用不同的字体、字号，运用视觉艺术语言，引导公众的视线自觉地从标题转移到图形、正文。

标题往往是广告主题的短文，目的是引起消费者的注意，并将有关广告的观念和商品特征以简洁的文案表现于醒目的位置，使用的字体应较为醒目、易于辨识，如等线体等。

标题的视觉语言创作是广告创意的一方面，而标题文案的创作是广告创意的另一方面。它将影响到广告主题是否引起公众注意的关键。

2. 正文

正文即广告要传播的商品说明文，它详细地叙述商品内容，有说明、解答、鼓动、号召的作用。正文内容撰写要采用平易的日常语言，简单易懂，表达生动、贴切、形象、扣人心弦，使公众感到平易近人，心悦诚服地信任商品，以达到传播信息的目的。编排正文时以集中为宜，它一般置于版面的下方，也可以置于左方或右方位置。

正文在广告中属于文本形态的部分，它是详细介绍商品和其他信息的重要内容。由于其具有注解功能，一般多采用印刷字体。在具体应用中，正文字体是招贴广告的整体部分，如果构思巧妙，可与标题和图形配合得当，引起读者的好奇与兴趣。正文的外形在广告的整体构图中，可设计成点、线、面的形态，这样不易造成孤立。

3. 广告语

广告语，也称标语，它是在整体广告策略中某个阶段内反复使用的，用于体现企业精神或宣传商品特征，吸引公众注意的专用宣传语句，能给人留下深刻的印象。广告语的文字必须易读好记，押韵顺口，富于情感。编排时可放置在版面的任何位置，但要位居广告标题之后，不能本末倒置。

广告中的广告语，从结构上看与标题有些近似，它是从标题内容演变而来的，通常用响亮、奇特、便于记忆、易于朗读的字句构成，好的广告语主题鲜明、诉求准确、朗朗上口，具有很强的感染力。广告语字体在设计上，应突出重点，讲究个性，让人过目不忘。

4. 附文

附文是指广告主的公司名、地址、邮编、电话、电报、传真号码。方便公众与广告主取得联系，购买商品。它一般置于版面的下方或次要的位置。

5. 食品广告

1）设计思路

“好味奶糖”广告以蓝天、草地图片作为背景，画面的主色调选择以蓝色为主，与奶糖的蓝色包装相互辉映，再搭配标志的红色与草地的绿色，使广告画面呈现出清新、甜蜜的感觉。

2）技术剖析

该案例中，首先运用 CorelDRAW X6 软件中的“贝塞尔工具”“填充工具”“交互式透明工具”来制作奶糖的外形，再使用“螺纹工具”“艺术笔工具”及“拆分”命令、“焊接”命令制作奶糖的包装纹样和标志图形。最后使用“交互式阴影工具”为奶糖添加阴影效果，使奶糖呈现立体感。再加上运用“交互式轮廓图工具”制作出广告语的描边效果，一幅生动而充满吸引力的奶糖广告就呈现在我们面前，如图 8-31 所示。

3）制作步骤

（1）创建新文档并保存。

① 启动 CorelDRAW X6 后，新建一个文档，设置纸张大小为：宽 297 mm、高 168 mm。

② 单击页面左上方的“文件”按钮，在下拉菜单中选择“另存为”命令，以“好味奶糖广告”为文件名保存。

图 8-31　奶糖广告最终完成效果

（2）制作奶糖外形。

① 单击工具栏中“手绘工具”右下角的黑色三角形，选择“贝塞尔工具”，绘制奶糖外形，并填充颜色（C:100;M:0;Y:0;K:0），如图 8-32 所示。

② 继续使用“贝塞尔工具”绘制出奶糖的亮部与暗部，亮部填充颜色为白色；暗部填充颜色为（C:100;M:92;Y:7;K:0），并去掉轮廓线，如图 8-33 所示。

图 8-32　绘制外形

图 8-33　绘制渐变区域

③ 对亮部区域和暗部区域，分别单击工具栏“交互式透明工具”按钮，在亮部的白色区域从左至右拖出“线性”不透明度编辑线，暗部的深蓝色区域从右至左拖出“线性”不透明度编辑线，效果如图 8-34 所示。

④ 选择“贝塞尔工具”，在图形区域两侧，绘制渐变效果区域，分别填充颜色（C:60;M:0;Y:20;K:20），并去掉轮廓线，如图 8-35 所示。

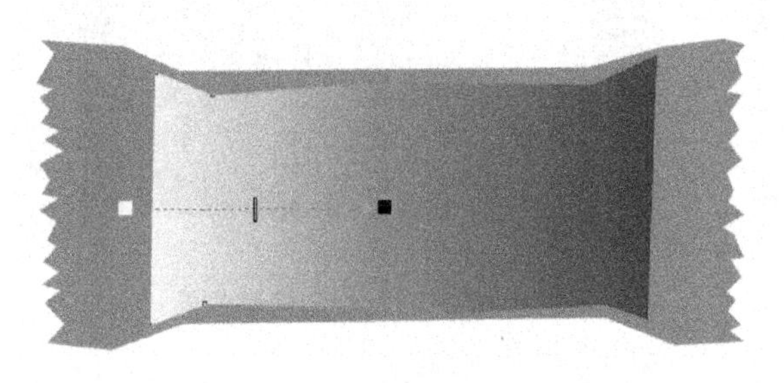

图 8-34　设置交互式透明效果

图 8-35　绘制两端渐变区域

⑤ 然后继续使用“交互式透明工具”设置奶糖两端的不透明度效果，运用同样的方法，为图形两端的填充色块添加不透明度效果，如图 8-36 所示。

（3）绘制奶糖包装图案。

① 选择工具栏中的“螺纹工具”，在属性栏设置螺纹参数，如图 8-37 所示，“圈数”为“4”、“对称方式”为“对数式对称”。

图 8-36　使用“交互式透明工具”

图 8-37　设置螺纹参数

② 在图形框内绘制螺纹图纹，如图 8-38 所示。

③ 选择“选择工具”，选中绘制出的螺纹图纹，单击“轮廓笔工具”按钮，设置螺纹的粗细为“0.5 mm”、颜色为白色。如图 8-39 所示。

图 8-38　绘制出的螺纹

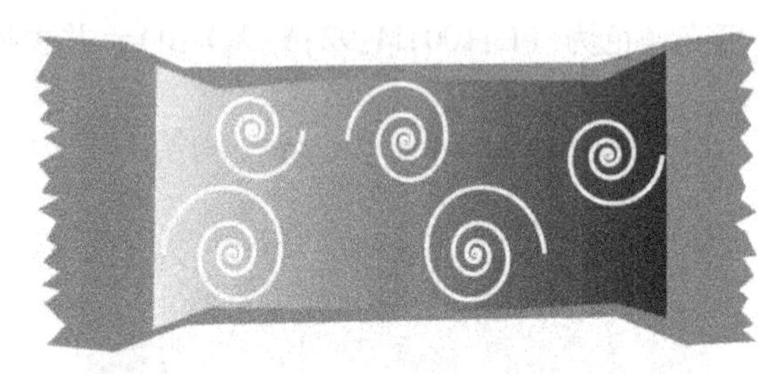

图 8-39　螺纹线效果

④ 选择“贝塞尔工具”，在图形上方和两侧绘制高光区域，去掉轮廓线，效果如图 8-40所示。

⑤ 选择“贝塞尔工具”，在图形区域两侧，分别绘制一组直线，设置颜色为白色、粗细为“0.1 mm”，制作出奶糖包装的褶皱效果。如图 8-41 所示。

图 8-40　绘制高光

图 8-41　绘制褶皱效果

小提示

可以运用快捷键〈Ctrl + S〉进行文件的保存。不过为了防止因计算机故障或其他原因导致做好的文件丢失，一定要边做边保存文件。

⑥ 选择“艺术笔工具”，在属性栏中单击“喷涂”按钮，在图纹下拉列表中选择“食物”——“”，参数设置如图 8-42 所示。

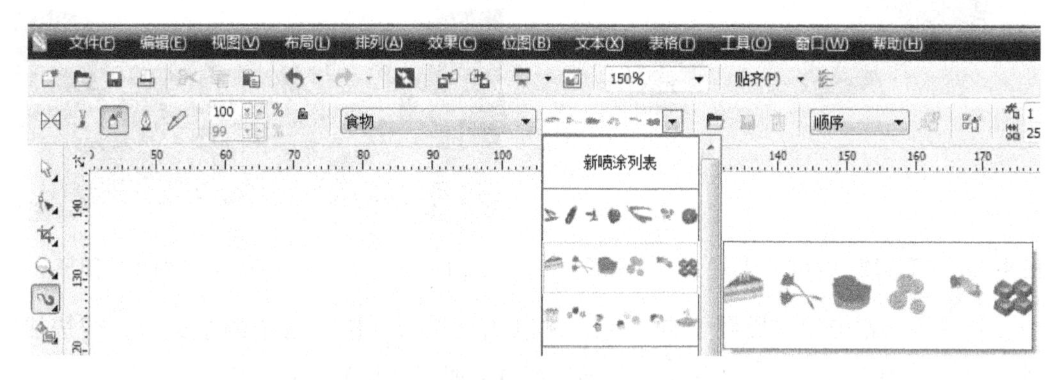

图 8-42　设置“艺术笔工具”属性

⑦ 在画面中拖出如图 8-43 所示的效果。

图 8-43　用“艺术笔工具”绘制出的图形

⑧ 用鼠标右键单击艺术笔图形，在弹出的菜单中选择“拆分艺术笔群组”命令，如图 8-44 所示。

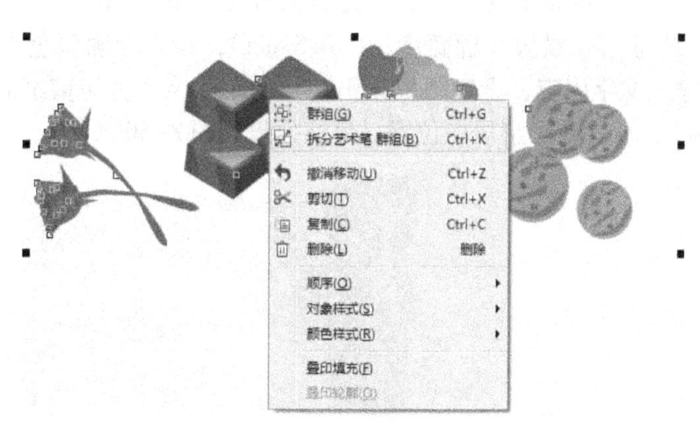

图 8-44　拆分图形

⑨ 再次用鼠标右键单击艺术笔图形，在弹出的菜单中选择“取消全部群组”，将拆分出来的艺术图像取消群组，选择图形中的“桃心”与“饼干”图形，如图 8-45 所示，重新群组后分别放置在图形中，如图 8-46 所示。

（4）绘制奶糖标志。

① 选择工具栏中的“矩形工具”，在属性栏中设置“圆角半径”为“2.0 mm”，如

图 8-47 所示。

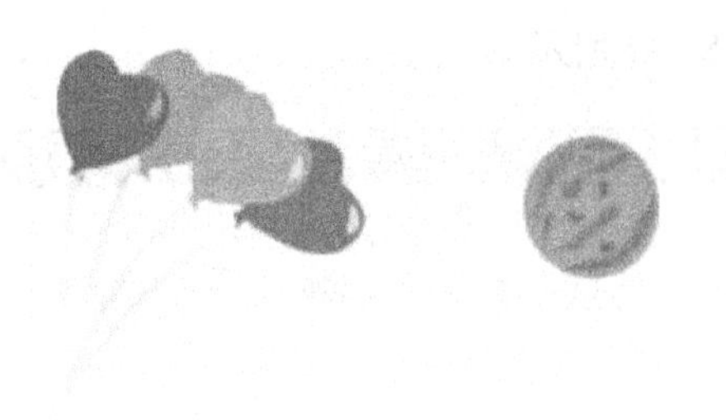

图 8-45 分别群组“桃心”与“饼干”图形

图 8-46 放入“桃心”与“饼干”图形

② 选择工具栏中的“椭圆工具”，绘制出椭圆形。同时选中两个图形，按快捷键〈Ctrl + C〉和〈Ctrl + E〉，将两个图形水平居中对齐、垂直居中对齐，如图 8-48 所示。

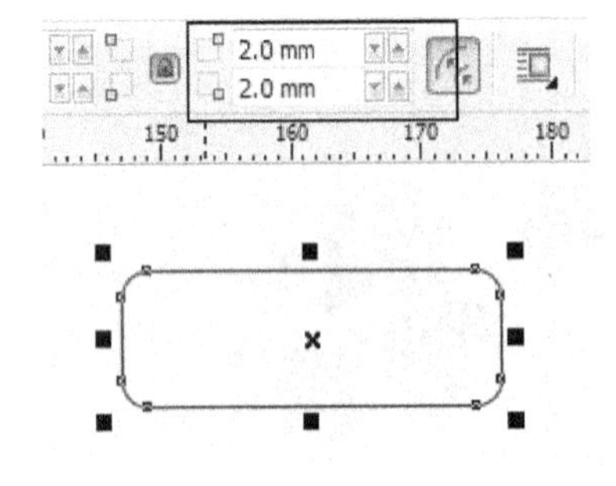

图 8-47 绘制圆角矩形

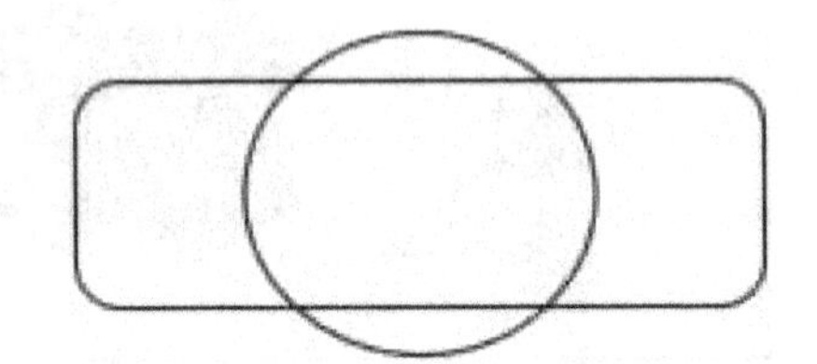

图 8-48 绘制圆形，将其与圆角矩形居中对齐

③ 在菜单栏中选择“排列”→“造型”→“合并”命令，焊接圆形如图 8-49 所示。

④ 选择工具栏中的“填充工具”，填充颜色为（C：0；M：100；Y：60；K：0），然后单击“轮廓笔工具”按钮，设置轮廓宽度为“0.5 mm”，设置轮廓颜色为白色；然后选择“文本工具”，输入文字内容，设置“好味奶糖”的字体为“方正剪纸简体”、“haowei”的字体为“Baveuse”，放置在图形居中位置。最终效果如图 8-50 所示。

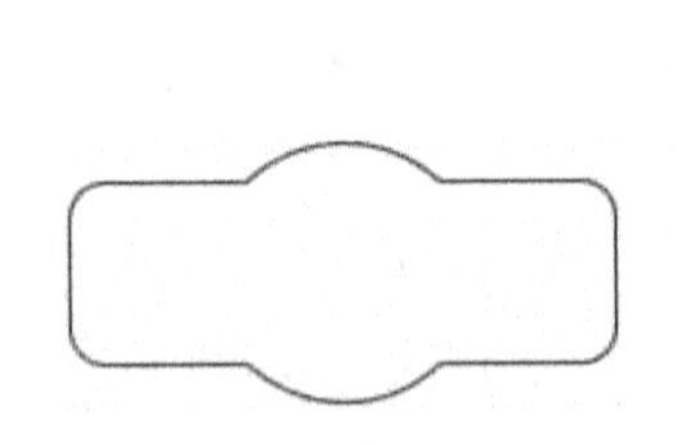

图 8-49 焊接圆形

图 8-50 奶糖标志制作

小提示

用“文本工具”输入文字时，默认字体为宋体、颜色为黑色，可通过“文本工具”属性栏进行字体设置。

⑤ 将标志图形全部选中，执行〈Ctrl + G〉组合键进行群组，再复制出一个标志图案，

放置在画面空白区域备用。

⑥ 选择奶糖的外形，为图形轮廓添加颜色（C:100;M:77;Y:0;K:0），设置粗细为“0.25mm”。然后选择“交互式阴影工具”，为奶糖添加阴影效果，增加立体感。最后选中所有对象，选择〈Ctrl + G〉组合键，将奶糖群组起来，放在画面空白区域备用。最后完成效果如图 8-51 所示。

图 8-51　奶糖制作完成

小提示

单击属性栏中的“群组”按钮是将图形进行连接，便于整体移动。“取消群组”和“取消全部群组”是将图形解散，便于修改单个图形。

（5）制作广告背景。

① 打开“素材”文件夹，导入图片“草原背景.jpg”，按下〈P〉键，将图片放置在画面居中的位置，如图 8-52 所示。

图 8-52　导入背景素材

② 将之前复制的奶糖标志拖至画面中，调整好大小，放置在左上方，如图 8-53 所示。

③ 选择“文本工具”，在标志旁输入文字“一颗奶糖，伴你美好的童年记忆”。设置文字的字体为“微软雅黑”、大小为“16pt”、颜色为白色，效果如图 8-54 所示。

图 8-53　放置标志

图 8-54　输入文字

④ 继续选择“文本工具”，在画面中输入广告语“好味奶糖，享受甜蜜生活”。设置文字的字体为“文鼎 POP-4”、大小为“53pt”、颜色为白色。效果如图 8-55 所示。

⑤ 选中文字，选择工具箱中的“轮廓图工具”，向外拖移出轮廓图效果。在属性栏中设置轮廓图类型为“外部轮廓”、步长值为“1”、偏移值为“2.0 mm”、颜色为蓝色（C:100;M:0;Y:0;K:0）。效果如图 8-56 所示。

图 8-55　输入广告语

图 8-56　为文字添加轮廓图效果

小提示

软件自带的字体都是常用字体，有些特殊字体需要安装。例如文鼎 POP－4 字体，则需要安装文鼎字库。

⑥ 选择工具箱中的“选择工具”，双击广告语文字，出现“文字旋转、斜切编辑框”。将文字做斜切效果处理，如图 8-57 所示。

⑦ 将之前制作好的奶糖进行复制，并应用“变换”命令将对象缩放、旋转和调整叠放顺序，如图 8-58 所示。

图 8-57　为文字做斜切效果

图 8-58　复制奶糖，调整位置

⑧ 选择“文本工具”，输入文字“100% 源自草原牧场的纯鲜牛奶”，设置字体为“姚体”、大小为“24pt”、填充颜色为白色。

⑨ 选择工具箱中的“轮廓图工具”，向外拖移出轮廓图效果。在属性栏中设置轮廓图类型为“外部轮廓”、步长值为“1”、偏移值为“0.3 mm”、颜色为绿色（C:70;M:0;Y:100;K:0）。如图 8-59 所示。

（6）生成最终效果

① 观察画面的整体效果，对各种元素进行细微的调节。

② 选择“文件”下拉菜单下的“保存”命令，即可完成奶糖广告的设计工作。“好味奶糖广告”最终效果如图 8-60 所示。

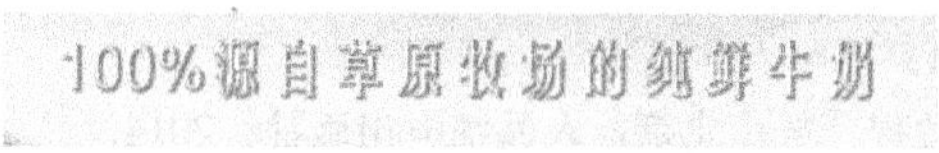
100%源自草原牧场的纯鲜牛奶

图 8-59　为文字添加轮廓图效果

好味奶糖
好味奶糖，
享受甜蜜生活
100%源自草原牧场的纯鲜牛奶

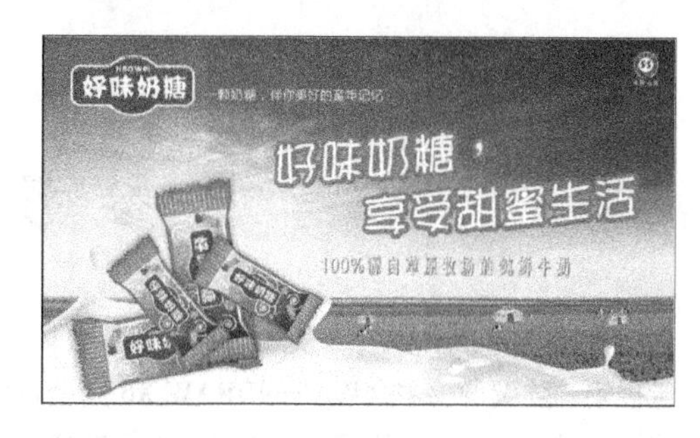

图 8-60　“好味奶糖广告”最终效果

参考文献

[1] 亿瑞设计 . CorelDRAW X5 从入门到精通［M］. 北京：清华大学出版社，2013.

[2] 孟俊宏，陆圆圆，中文版 CorelDRAW X6 完全自学教程［M］. 北京：人民邮电出版社，2014.

[3] 施博资讯 . 新编中文版 CorelDRAW X4 标准教程［M］. 北京：海洋出版社，2009.

[4] 郭万军，李辉，贾真 . 从零开始——CorelDRAW X4 中文版基础培训教程［M］. 北京：人民邮电出版社，2010.

[5] 唯美印象 . CorelDRAW X6 自学视频教程［M］. 北京：清华大学出版社，2015.

[6] 尼春雨，崔飞乐 . CorelDRAW X6 商业应用案例实战［M］. 北京：清华大学出版社，2015.

[7] 九州书源，李星，何晓琴 . 中文版 CorelDRAW X6 从入门到精通（学电脑从入门到精通）［M］. 北京：清华大学出版社，2014.